SHUZHI
JISUAN
FANGFA

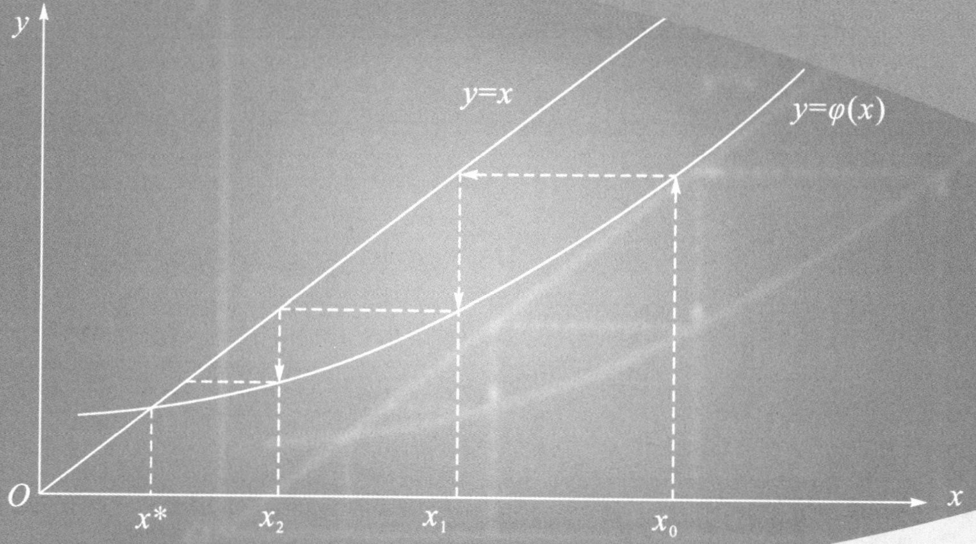

数值计算方法

胡朝浪 主编

四川大学出版社
SICHUAN UNIVERSITY PRESS

项目策划：梁　平
责任编辑：梁　平
责任校对：傅　奕
封面设计：璞信文化
责任印制：王　炜

图书在版编目（CIP）数据

数值计算方法 / 胡朝浪主编．— 成都 : 四川大学出版社，2021.7（2023.8 重印）
ISBN 978-7-5690-4811-7

Ⅰ．①数… Ⅱ．①胡… Ⅲ．①数值计算－计算方法 Ⅳ．①O241

中国版本图书馆 CIP 数据核字（2021）第 132081 号

书名　数值计算方法

主　　编	胡朝浪
出　　版	四川大学出版社
地　　址	成都市一环路南一段 24 号（610065）
发　　行	四川大学出版社
书　　号	ISBN 978-7-5690-4811-7
印前制作	四川胜翔数码印务设计有限公司
印　　刷	四川煤田地质制图印务有限责任公司
成品尺寸	185mm×260mm
印　　张	8.75
字　　数	213 千字
版　　次	2021 年 8 月第 1 版
印　　次	2023 年 8 月第 3 次印刷
定　　价	32.00 元

◆ 读者邮购本书，请与本社发行科联系。
电话：(028)85408408/(028)85401670/
(028)86408023　邮政编码：610065
◆ 本社图书如有印装质量问题，请寄回出版社调换。
◆ 网址：http://press.scu.edu.cn

四川大学出版社
微信公众号

前　言

随着信息技术的快速发展，除传统的应用领域外，科学计算已经渗透到以大数据、人工智能、生物医学材料、智能制造为代表的众多新兴的自然科学和工程技术领域。数值计算方法是以数学为基础，以计算机为工具，研究解决工程和物理问题的近似算法的一门课程，对于高等院校理工类本科生来说，学习和掌握常用的数值算法非常必要，部分院系已经将其列为必修课程。

本书是为四川大学部分工科学生在仅有 32 个学时的条件下学习“数值计算方法”课程而针对性编写的计算数学入门教材。全书共六章，主要介绍了包括非线性方程求根、线性方程组的迭代解法和直接解法、插值与逼近、数值积分与数值微分、常微分方程的数值解法等常用数值算法的相关基本概念和计算原理。本书是在编者多年为四川大学工科类研究生和本科生讲授“数值分析”和“数值计算方法”基础上编写而成的，并参考了国内外多本优秀教材，力求通俗易懂、简洁实用。本书充分遵循教学规律，可作为师生的教学用书和科技工作者的参考用书。本书的学习需具备微积分、线性代数、计算机高级语言等先修课程基础。

本书在编写过程中得到了四川大学数学学院领导的大力支持，数学学院信息与计算教研室多位老师对本书的编写提出了宝贵意见，数学学院研究生李西、黄雪薇等同学给予了帮助，在此一并致谢！

由于编者水平有限，书中难免有错误和疏漏之处，还请读者批评指正。

编　者

2021 年 7 月

目　　录

第 1 章　概论

数值计算在中国有着悠久的历史，如刘徽的“割圆术”、祖冲之的圆周率、秦九韶的“大衍求一术”及“正负开方术”、李冶的“天元术”等. 公元 3 世纪魏晋时期的数学家刘徽提出了“割圆术”，即用圆内接或圆外切正多边形来逼近圆面积或圆周长. 他首先从圆内接正六边形开始割圆，每次边数倍增，算到正一百九十二边形的面积，得到 $\pi\approx\frac{157}{50}\approx3.14$，又算到正三千零七十二边形的面积，得到 $\pi\approx\frac{3927}{1250}\approx3.1416$，称为“徽率”，正所谓“割之弥细，所失弥少，割之又割以至于不可割，则与圆周合体而无所失矣”. 公元 5 世纪南北朝时期的祖冲之在此方法的基础上，首次将“圆周率”精算到小数点后第七位，即在 3.1415926 和 3.1415927 之间，称为“祖率”，直到 16 世纪阿拉伯数学家阿尔・卡西才打破了这一纪录. 刘徽提出的计算圆周率的科学方法，奠定了此后千余年来中国圆周率计算在世界上的领先地位. 13 世纪，秦九韶在《数书九章》中系统总结和发展了高次方程的数值解法与一次同余问题的解法，给出了相当完备的“正负开方术”和“大衍求一术”，其提出的近似求根思想影响至今. 同一时期的李冶提出了“天元术”，即用设未知数且列方程的思想解决问题，得出了“直角三角形内切圆和外接圆直径之和等于两直角边之和”等性质. 直到微积分的发明和分析学的形成，西方进入数学的“火器时代”，在计算上快速超越中国，涌现出了英国人牛顿、德国人高斯、瑞士人欧拉以及法国人拉格朗日、傅里叶为代表的近代数学家，分析学的快速发展催生了现代计算数学，人类对天气预报的巨大需求以及第二次世界大战期间美国的“曼哈顿计划”这一系统工程更是促进了计算数学的飞跃式发展. 新中国成立后，冯康引领的团队独立于西方提出了“有限元法”，其系列成果奠定了中国计算数学的发展基础.

数值计算方法亦称为数值分析，是近代数学的一个重要分支，主要研究各种数学问题的数值解法，包括方法的构造和求解过程的理论分析. 它是一门与计算机应用密切结合的实用性很强的数学课程，具有如下特点：①面向计算机，提供切实可行的有效算法，且算法只能包括计算机能处理的算术运算与逻辑运算；②有理论分析作保证，即对算法要确保其收敛性、稳定性并提供相应的误差分析；③算法要有好的计算复杂性；④要有数值实验以验证算法的可行性、有效性和实用性.

§1.1 误差的基本概念

任何一个实际问题要在计算机上得到解决，一般要经过以下几个步骤（图 1−1）.

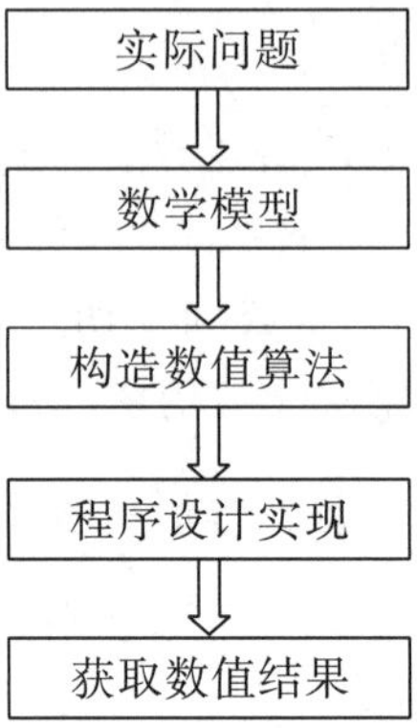

图 1−1 解决步骤

这个过程会产生各种误差，归结起来主要有以下四种误差.

（1）模型误差。

根据实际问题建立数学模型时，需要对实际问题进行抽象和简化，忽略一些次要因素，由此产生的误差称为模型误差.

（2）观测误差。

数学模型中往往含有一些由观测得到的参数，受测量仪器和人为因素等的影响，测量数据和实际数据之间必然有差异，这种差异被称为观测误差.

（3）截断误差。

计算数学的重要特征之一是用有限逼近无限，离散逼近连续，把无限的计算过程用有限步计算来代替，由此产生的误差被称为截断误差.

例 1.1.1 用四则运算计算1.2^{α}.

解：考虑幂函数$(1+x)^{\alpha}$，其在 $x=0$ 处的泰勒展开式

$$(1+x)^{\alpha}=1+\alpha x+\frac{\alpha(\alpha-1)}{2!}x^{2}+\cdots+\frac{\alpha(\alpha-1)\cdots(\alpha-n+1)}{n!}x^{n}+\cdots.$$

取 $x=0.2$ 得

$$(1+0.2)^{\alpha}=\sum_{k=0}^{\infty}\frac{\alpha(\alpha-1)\cdots(\alpha-k+1)}{k!}\cdot 0.2^{k}.$$

由于计算机仅能作有限次运算，故取

$$1.2^{\alpha}=(1+0.2)^{\alpha}\approx\sum_{k=0}^{n}\frac{\alpha(\alpha-1)\cdots(\alpha-k+1)}{k!}\cdot 0.2^{k}.$$

此时产生了截断误差

$$R(1.2^{\alpha}) = \sum_{k=n+1}^{\infty} \frac{\alpha(\alpha-1)\cdots(\alpha-k+1)}{k!} 0.2^k.$$

（4）舍入误差。

计算机字长有限，因此计算机上只能表示有限位数，当一个数位数太长时，计算机就要进行四舍五入，从而产生误差，这种误差被称为舍入误差.

例 1.1.2 在 5 位十进制计算机上，π 和 $\frac{2}{3}$ 只能分别表示成：

$$0.31416\times10^1 \text{ 和 } 0.66667\times10^0.$$

在实际应用中，上面四种误差是不可避免的，本课程重点分析数值算法的截断误差和舍入误差.

§1.1.1 绝对误差

设 x 是准确值 x^* 的近似值，则 $e(x)=x-x^*$ 为 x 的绝对误差，简称误差.

$e(x)>0$，称 x 为 x^* 的强近似；$e(x)<0$，称 x 为 x^* 的弱近似.

注意，绝对误差不是误差的绝对值.

一般地，准确值 x^* 是不知道的，因而 $e(x)$ 不能求出，但往往可以估计出 $e(x)$ 的一个大致范围，即可以确定一个 $\eta>0$，使得

$$|e(x)| = |x-x^*| \leqslant \eta,$$

称 η 为 x 的绝对误差限. 注意，绝对误差限不唯一.

§1.1.2 相对误差

绝对误差不能完整地描述近似值的精确度，因此我们引入相对误差，称单位量上的误差

$$e_r(x) = \frac{e(x)}{x^*} = \frac{x-x^*}{x^*}$$

为 x 的相对误差.

实际应用中由于准确值 x^* 总是未知的，故通常取

$$e_r(x) = \frac{e(x)}{x} = \frac{x-x^*}{x}$$

作为 x 的相对误差.

若存在 $\delta>0$，使 $|e_r(x)|\leqslant\delta$，则称 δ 为 x 的相对误差限.

§1.1.3 有效数字

定义 1.1 设 x 是准确值 x^* 的近似值，其误差限不超过某一位的半个单位，称近似值 x 准确到这一位，若该位到 x 左边第一位非零数字共有 n 位，则称 x 有 n 位有效数字.

设准确值 x^* 的近似值 x 具有如下标准形式

$$x = \pm(a_1 + a_2 \times 10^{-1} + \cdots + a_n \times 10^{-(n-1)}) \times 10^m, \quad (1.1)$$

此处 m 为整数，a_1，a_2，…，a_n 为 0～9 中任一数字，且 $a_1 \neq 0$，如果

$$|x - x^*| \leqslant \frac{1}{2} \times 10^{-(n-1)} \times 10^m,$$

则 x 准确到小数点后第 $(n-1-m)$ 位，且有 n 位有效数字.

例 1.1.3 设 $x = 2.7182818$ 是 e 的近似值，则

$$|x - \mathrm{e}| = |2.7182818 - 2.718281828\cdots| \leqslant \frac{1}{2} \times 10^{-7}.$$

故 x 准确到小数点后第 7 位，共 8 位有效数字.

例 1.1.4 设 $x = 2.7182830$ 是 e 的近似值，则

$$|x - \mathrm{e}| = |2.7182830 - 2.71828182\cdots| \leqslant \frac{1}{2} \times 10^{-5}.$$

故 x 准确到小数点后第 5 位，共 6 位有效数字.

定理 1.1 形如式(1.1)的近似数 x 有 n 位有效数字，则其相对误差限

$$\delta \leqslant \frac{1}{2a_1} \times 10^{-(n-1)}.$$

反之，若 x 有相对误差限

$$\delta \leqslant \frac{1}{2(a_1+1)} \times 10^{-(n-1)},$$

则 x 至少具有 n 位有效数字.

证明：由式(1.1)得

$$a_1 \times 10^m \leqslant |x| \leqslant (a_1 + 1) \times 10^m.$$

当 x 有 n 位有效数字时

$$\delta = |e_r(x)| = \frac{|x - x^*|}{|x|} \leqslant \frac{\frac{1}{2} \times 10^{-(n-1)} \times 10^m}{a_1 \times 10^m} = \frac{1}{2a_1} \times 10^{-(n-1)}.$$

反之

$$|e(x)| = |e_r(x) \cdot x| \leqslant \left| \frac{1}{2(a_1+1)} \times 10^{-(n-1)} \times (a_1+1) \times 10^m \right|$$

$$= \frac{1}{2} \times 10^{m-n+1} = \frac{1}{2} \times 10^{-(n-1)} \times 10^m.$$

故 x 至少具有 n 位有效数字.

此定理表明有效数字位数越多，相对误差越小，反之亦然.

例 1.1.5 已知近似数 x 有两位有效数字，试求其相对误差限.

解：利用定理 1.1，此处 $n=2$，a_1 是 1 到 9 之间的任一数字，则

$$\delta \leqslant \frac{1}{2a_1} \times 10^{-(n-1)} \leqslant \frac{1}{2 \times 1} \times 10^{-(2-1)} = 5\%.$$

例 1.1.6 已知 x 的相对误差限为 0.3%，问 x 至少具有几位有效数字.

解：a_1 是 1 到 9 间的整数，则

$$\delta = 0.3\% < \frac{1}{2 \times 10^2} = \frac{1}{2 \times (9+1)} \times 10^{-1} \leqslant \frac{1}{2(a_1+1)} \times 10^{-(2-1)}.$$

故 x 至少具有 2 位有效数字.

§1.1.4 和、差、积、商的误差

设 x 是准确值 x^* 的近似值，y 是准确值 y^* 的近似值. 用 $x \pm y$ 表示 $x^* \pm y^*$ 的近似值，则其误差

$$\begin{aligned} e(x \pm y) &= (x \pm y) - (x^* \pm y^*) = (x - x^*) \pm (y - y^*) \\ &= e(x) \pm e(y). \end{aligned}$$

故和的误差是误差之和，差的误差是误差之差.

又

$$|e(x \pm y)| = |e(x) \pm e(y)| \leqslant |e(x)| + |e(y)|.$$

故和或差的误差限是误差限之和.

若把 x 的误差 $e(x) = x - x^*$ 看作 x 的微分

$$\mathrm{d}x = x - x^*.$$

则 x 的相对误差

$$e_r(x) = \frac{\mathrm{d}x}{x} = \mathrm{d}\ln x.$$

设 $u = x \cdot y$，则 $\ln u = \ln x + \ln y$，故

$$\mathrm{d}\ln u = \mathrm{d}\ln x + \mathrm{d}\ln y.$$

说明乘积的相对误差是各个乘积因子相对误差之和.

设 $u = \dfrac{x}{y}$，则 $\ln u = \ln x - \ln y$，故

$$\mathrm{d}\ln u = \mathrm{d}\ln x - \mathrm{d}\ln y.$$

说明商的相对误差是被除数与除数相对误差之差.

设 $y = f(x)$，$f(x)$可导，则函数 y 的误差

$$\mathrm{d}y = \mathrm{d}f(x) = f'(x)\mathrm{d}x.$$

例 1.1.7 取 $t = 2.236 \approx \sqrt{5}$，分别代入 $x(t) = (\sqrt{t} - 1)^6$ 和 $y(t) = (6 - 2\sqrt{t})^3$ 对 $(\sqrt{5} - 1)^6$ 进行近似计算，则 $x(t)$ 和 $y(t)$ 哪一个误差更大?

$$\mathrm{d}x = 6(t-1)^5 \mathrm{d}t,\ \mathrm{d}y = -6(6-2t)^2 \mathrm{d}t.$$

$$e(x(\sqrt{5})) \approx x(\sqrt{5}) - x(2.236) \approx 6 \times (2.236 - 1)^5 \mathrm{d}t.$$

$$e(y(\sqrt{5})) \approx y(\sqrt{5}) - y(2.236) \approx -6 \times (6 - 2 \times 2.236)^2 \mathrm{d}t.$$

显然

$$\left|e(y(\sqrt{5}))\right| < \left|e(x(\sqrt{5}))\right|.$$

故 $x(t)$ 的误差更大.

§1.2 数值计算中的注意事项

§1.2.1 避免两个相近的数相减

两个相近的数相减，则这两个数的前几位相同的有效数字会在它们之差中消失，从而导致差的有效数字大大减少，遇到这种情况应当多保留这两个数的有效数字，或者对算法进行处理以避免此种减法.

例 1.2.1 当 x 很大时，应将 $\sqrt{x+1}-\sqrt{x}$ 改为 $\dfrac{1}{\sqrt{x+1}+\sqrt{x}}$ 来计算；当 x 接近于零时，应将 $\dfrac{1-\cos x}{\sin x}$ 改为 $\dfrac{\sin x}{1+\cos x}$ 来计算.

§1.2.2 防止“大数”吃掉“小数”

数值计算中参与运算的数之间的数量级有时会相差很大，导致在加减法的“对阶”中大数“吃掉”小数，造成结果失真.

例 1.2.2 计算如下二次方程的根：

$$x^2-(10^9+1)x+10^9=0.$$

解：利用求根公式 $x_{1,2}=\dfrac{-b\pm\sqrt{b^2-4ac}}{2a}$，其中

$$-b=(10^9+1)=0.1\times10^{10}+0.0000000001\times10^{10}.$$

如果计算机只能表示到小数点后 8 位，则 $0.0000000001\times10^{10}$ 在上面的计算中将会被舍弃，故 $-b=0.1\times10^{10}$，类似地将有 $b^2-4ac\approx b^2$，$\sqrt{b^2-4ac}\approx|b|$.

最终得两个根为 $x_1\approx10^9$，$x_2\approx0$，而我们用因式分解很容易知道两个根为 $x_1=10^{10}$，$x_2=1$.

§1.2.3 使用稳定的数值计算格式

数值计算中，如果算法不稳定，将导致结果严重失真，如下例所示.

例 1.2.3 计算定积分 $I_n=\int_0^1\dfrac{x^n}{x+5}\mathrm{d}x$ ($n=0$，1，2，…，8).

解：由题意得

$$\begin{aligned}I_n+5I_{n-1}&=\int_0^1\frac{x^n}{x+5}\mathrm{d}x+5\int_0^1\frac{x^{n-1}}{x+5}\mathrm{d}x\\&=\int_0^1x^{n-1}\mathrm{d}x\end{aligned}$$

$$=\frac{1}{n}.$$

故

$$I_n=-5I_{n-1}+\frac{1}{n}.$$

显然 I_n 具有如下性质：

①$I_n>0$；②$\lim\limits_{n\to\infty}I_n=0$；③$\int_0^1\frac{x^n}{1+5}\mathrm{d}x\leqslant\int_0^1\frac{x^n}{x+5}\mathrm{d}x\leqslant\int_0^1\frac{x^n}{0+5}\mathrm{d}x$.

即：

$$\frac{1}{6(n+1)}\leqslant I_n\leqslant\frac{1}{5(n+1)}.$$

下面我们用两种方法计算 I_n.

方法一：

$$I_0=\int_0^1\frac{1}{x+5}\mathrm{d}x=\ln 1.2,$$

$$\begin{cases}I_n=\dfrac{1}{n}-5I_{n-1}\\ I_0=\ln 1.2\end{cases},$$

则

$$I_0=\ln 1.2\approx 0.18232156$$

$$I_1=1-5I_0\approx 0.0883922000$$

$$I_2=\frac{1}{2}-5I_1\approx 0.0580390000$$

$$I_3=\frac{1}{3}-5I_2\approx 0.431383333$$

$$I_4=\frac{1}{4}-5I_3\approx 0.343083333$$

$$I_5=\frac{1}{5}-5I_4\approx 0.0284583333$$

$$I_6=\frac{1}{6}-5I_5\approx 0.0243750000$$

$$I_7=\frac{1}{7}-5I_6\approx 0.0209821429$$

$$I_8=\frac{1}{8}-5I_7\approx 0.0200892857$$

$$I_9=\frac{1}{9}-5I_8\approx 0.0106646826$$

$$I_{10}=\frac{1}{10}-5I_9\approx 0.0466765872$$

$$\vdots$$

$$I_{17}=\frac{1}{17}-5I_{16}\approx -2446.0091575531$$

$$I_{18}=\frac{1}{18}-5I_{17}\approx 12230.1013433213$$

$$I_{19}=\frac{1}{19}-5I_{18}\approx -61150.4540850274$$

$$I_{20}=\frac{1}{20}-5I_{19}\approx 305752.3204251371$$

方法二：

取

$$I_n\approx\frac{1}{2}\times\left(\frac{1}{6(n+1)}+\frac{1}{5(n+1)}\right),$$

则

$$\begin{cases}I_9\approx\dfrac{1}{2}\times\left(\dfrac{1}{60}+\dfrac{1}{50}\right)\\ I_{n-1}=\dfrac{1}{5n}-\dfrac{1}{5}I_n\end{cases},$$

$$I_9\approx\frac{1}{2}\times\left(\frac{1}{60}+\frac{1}{50}\right)\approx 0.0183333333333$$

$$I_8\approx\frac{1}{5\times 9}-\frac{1}{5}I_9\approx 0.018555555555556$$

$$I_7\approx\frac{1}{5\times 8}-\frac{1}{5}I_8\approx 0.021288888888889$$

$$I_6\approx\frac{1}{5\times 7}-\frac{1}{5}I_7\approx 0.024313650793651$$

$$I_5\approx\frac{1}{5\times 6}-\frac{1}{5}I_6\approx 0.028470603174603$$

$$I_4\approx\frac{1}{5\times 5}-\frac{1}{5}I_5\approx 0.034305879365079$$

$$I_3\approx\frac{1}{5\times 4}-\frac{1}{5}I_4\approx 0.043138824126984$$

$$I_2\approx\frac{1}{5\times 3}-\frac{1}{5}I_3\approx 0.058038901841270$$

$$I_1\approx\frac{1}{5\times 2}-\frac{1}{5}I_2\approx 0.088392219631746$$

$$I_0\approx\frac{1}{5\times 1}-\frac{1}{5}I_1\approx 0.182321556073651$$

比较两种方法的运算结果发现，方法一所得结果的误差明显比方法二所得结果的误差大，这是由误差传播引起的. 方法一中，每迭代一次，I_{n-1} 的误差就扩大到原来的 5 倍并传递给 I_n，因而 I_0 的误差以及计算过程中产生的舍入误差对以后各步运算的影响越来越大，造成结果严重失真，这是一个不稳定的算法. 方法二中，每迭代一次，I_n 的误差缩小到原来的五分之一并传给 I_{n-1}，故初值 I_n 的误差以及计算过程中产生的舍入误差对以后各步运算的影响越来越小，直至趋于零，这是一个稳定的算法. 算法设计中涉及迭代的时候需要注意迭代格式的稳定性问题，通常要求迭代变量系数的绝对值小于 1，以保证格式的稳定性.

§1.2.4　简化运算步骤，减少运算次数

计算公式直接影响着计算的速度和误差的积累，因此，公式的简化十分重要，下面我们以秦九韶算法为例加以说明.

给定 n 次多项式

$$P_n(x)=a_nx^n+a_{n-1}x^{n-1}+\cdots+a_1x+a_0. \tag{1.2}$$

若直接用式（1.2）计算多项式在 x 处的值需要$\frac{n(n+1)}{2}$次乘法和 n 次加法.

若将 $P_n(x)$写成如下形式

$$P_n(x)=((((a_n\cdot x+a_{n-1})\cdot x+a_{n-1})\cdot x+\cdots a_2)\cdot x+a_1)\cdot x+a_0 \tag{1.3}$$

按式（1.3）计算多项式在 x 处的值则只需 n 次乘法和 n 次加法，运算次数大为减少，运算效率得到提高，这就是著名的秦九韶算法. 西方把秦九韶算法称为 Horner 算法，实际上 Horner 于 1819 年才提出这个算法，比秦九韶晚了几个世纪.

该算法的迭代格式可表示为

$$\begin{cases}S_n=a_n\\ S_k=x\cdot S_{k+1}+a_k(k=n-1,\ n-2,\ \cdots,\ 1,\ 0).\\ P_n(x)=S_0\end{cases} \tag{1.4}$$

在计算机上的计算步骤如下：

功能　计算 n 次多项次 $P_n(x)$在给定点 x 处的值 $y=P_n(x)$.

输入　$P_n(x)$的各系数 a_0，a_1，…，a_n 及 x.

输出　$y=P_n(x)$.

步 1　$y\Leftarrow a_n$.

步 2　对 $k=n-1$，$n-2$，…，1，0，依次执行 $y\Leftarrow x\cdot y+a_k$.

步 3　输出多项式的值 y.

习题 1

1. 问 3.140、3.14、$\frac{22}{7}$分别作为 π 的近似值各有几位有效数字？

2. 设 $x>0$，x 的相对误差为 δ，求 $\ln x$ 的误差.

3. 试设计一个稳定的递推算法，计算定积分 $\int_0^1 x^n\,\mathrm{e}^x\,\mathrm{d}x$ ($n=0$，1，…，99).

4. 计算 ln7 时，要保证相对误差限不大于 0.001%，问要取几位有效数字.

5. 计算圆的面积时为了使相对误差限为 0.1%，问测量半径 r 允许的相对误差是多少？

6. 用秦九韶算法编程计算多项式 $f(x)=1+x+2x^2+3x^3+\cdots+100x^{100}$ 在 $x=$

0.3，0.5，0.8，0.95 处的值.

7. 若 $x=0.3843$ 具有三位有效数字，问 x 的相对误差限是多少？

8. 设 x 的相对误差限是 1.6%，求 x^9 的相对误差限.

9. 某正方形的边长大约为 100cm，应采用什么精度的尺子才能保证面积的误差不超过 1cm^2.

10. 取 $\sqrt{2}=1.414$ 计算 $x=(\sqrt{2}-1)^6$ 时，分别采用下列格式进行计算，哪一个格式得到的结果误差最小？

① $\dfrac{1}{(\sqrt{2}+1)^6}$；② $\dfrac{1}{(3+2\sqrt{2})^3}$；③ $(3-2\sqrt{2})^3$；④ $99-70\sqrt{2}$.

第 2 章　方程求根

在科学实践中，常常遇到单变量方程 $f(x)=0$ 的求根问题，此处 $f(x)$既可能是代数多项式，亦可能是超越函数. 如果 $f(x)$是代数多项式，且其次数不超过四次，我们可以用求根公式求 $f(x)=0$ 的根，但对于高于四次的一般代数方程，挪威数学家 N. H. Abel 证明是无求根公式的. 此外，如果 $f(x)$是超越函数，比如 $f(x)=e^x-6\sin x$，一般也不能用代数公式求解. 然而实际应用中并不需要求出精确解，往往只需要得到满足指定精度要求的近似解就可以了，本章将介绍方程求根的各种数值算法.

§2.1　二分法

设 $f(x)\in C_{[a,b]}$，且 $f(a)\cdot f(b)<0$，则由连续函数的性质知方程

$$f(x)=0 \tag{2.1}$$

在(a, b)内有实根，$[a, b]$ 称为式（2.1）的有根区间，为简单起见，不妨假设式（2.1）在 $[a, b]$ 内有唯一的实根 x^*.

二分法的基本思想是把区间 $[a, b]$ 二等分，在分点 $x_0=\frac{1}{2}(a+b)$计算函数值 $f(x_0)=f\left(\frac{a+b}{2}\right)$，如果

$$f\left(\frac{a+b}{2}\right)=0,$$

则求得实根

$$x^*=\frac{a+b}{2}.$$

否则 $f\left(\frac{a+b}{2}\right)$要么与 $f(a)$异号，要么与 $f(b)$异号.

若

$$f(a)\cdot f\left(\frac{a+b}{2}\right)<0,$$

取

$$a_1=a,\ b_1=\frac{a+b}{2}.$$

若

$$f(b)\cdot f\left(\frac{a+b}{2}\right)<0,$$

取

$$a_1=\frac{a+b}{2},\ b_1=b.$$

则根 x^* 必在区间 $[a_1, b_1]$ 内.

在新的有根区间 $[a_1, b_1]$ 重复上述过程，得到如下有根区间序列

$$[a, b]\supset[a_1, b_1]\supset[a_2, b_2]\supset\cdots\supset[a_k, b_k]\supset\cdots.$$

其中，区间 $[a_k, b_k]$ 的长度仅为区间 $[a_{k-1}, b_{k-1}]$ 长度的一半，故：

$$b_k-a_k=\frac{1}{2}(b_{k-1}-a_{k-1})=\frac{1}{2^2}(b_{k-2}-a_{k-2})=\cdots=\frac{1}{2^k}(b-a).$$

当二分过程无限进行下去($k\to\infty$)，有根区间 $[a_k, b_k]$ 必然缩为一点 x^*，该点就是式(2.1)的根.

实际应用中，我们只需要获得满足指定精度的近似值就行了，令区间 $[a_k, b_k]$ 的中点 $x_k=\frac{1}{2}(a_k+b_k)$ 为 x^* 的近似值，则由有根区间序列可得如下以 x^* 为极限的近似根序列：

$$x_0,\ x_1,\ \cdots,\ x_k,\ \cdots\to x^*.$$

显然，

$$|x_k-x^*|\leqslant\frac{1}{2}(b_k-a_k)=\frac{1}{2^{k+1}}(b-a).\tag{2.2}$$

由式(2.2)知，对于预先给定的精度 $\varepsilon>0$，当

$$\left|\frac{1}{2^{k+1}}(b-a)\right|<\varepsilon,$$

即

$$k>\frac{\ln(b-a)-\ln 2\varepsilon}{\ln 2}\tag{2.3}$$

时必有

$$|x_k-x^*|<\varepsilon.$$

此时的 x_k 就是满足精度要求的近似值. 我们可以根据式(2.3)事先估计出 k，然后将 $[a, b]$ 二分 k 次，就可得到近似根 x_k，此种方法叫事前估计法.

当

$$\frac{1}{2}(b_k-a_k)<\varepsilon\tag{2.4}$$

时，亦有

$$|x_k-x^*|\leqslant\frac{1}{2}(b_k-a_k)<\varepsilon.\tag{2.5}$$

故可在二分过程中随时检验式(2.4)是否成立，以便停止二分，此种方法叫事后估计. 程序编制中常常以事后估计作为循环终止的条件.

算法 2.1　二分法.

功能　求方程(2.1)的根.

输入　$f(x)$，a，b，ε.

输出　式(2.1)的近似根 c.

步 1　计算 $f\left(\frac{a+b}{2}\right)$，且 $t \Leftarrow f\left(\frac{a+b}{2}\right)$.

步 2　若 $t=0$，则 $c \Leftarrow \frac{a+b}{2}$，转步 4.

若 $t \cdot f(a)<0$，则 $b \Leftarrow \frac{a+b}{2}$，否则 $a \Leftarrow \frac{a+b}{2}$.

步 3　若 $b-a<2\varepsilon$，则 $c \Leftarrow \frac{a+b}{2}$，转步 4，否则转步 1.

步 4　输出 c.

二分法的优点是算法简单、可靠，易于编程计算，对函数要求低，只要求连续即可. 缺点是收敛速度慢，因此二分法常和其他收敛快的算法结合使用，例如先用二分法算一个初始近似根，再用牛顿法计算.

例 2.1.1　用二分法求方程 $x^3-x-1=0$ 在 $[1, 1.5]$ 内的一个实根，要求误差不超过 0.005.

解：采用事前估计法由式（2.2）估算出 $k=6$，因此只需要二分六次就能获得满足精度要求的近似解. 计算结果列表如下：

k	a_k	b_k	x_k	$f(x_k)$的符号
0	1.0000	1.5000	1.2500	−
1	1.2500	1.5000	1.3750	+
2	1.2500	1.3750	1.3125	−
3	1.3125	1.3750	1.3438	+
4	1.3125	1.3438	1.3281	+
5	1.3125	1.3281	1.3203	−
6	1.3203	1.3281	1.3242	−

所以

$$x^* \approx x_6 = 1.324.$$

§ 2.2　迭代法

迭代法又称为逐次逼近法，通常是使用某个固定的公式反复校正初始的近似值，以得到满足精度要求的近似解.

对于给定的方程 $f(x)=0$，将其改写成下面等价形式

$$x=\varphi(x), \tag{2.6}$$

在根 x^* 的附近取一初始近似值 x_0 作为迭代式

$$x_{k+1}=\varphi(x_k) \tag{2.7}$$

的初值，于是可得如下的迭代序列

$$x_0,\ x_1,\ x_2,\ \cdots,\ x_k,\ \cdots. \tag{2.8}$$

如果迭代序列 $\{x_k\}_{k=0}^{\infty}$ 极限存在，则称迭代过程收敛，$\varphi(x)$ 称为迭代函数，假设 $\varphi(x)$ 连续，且 $\lim\limits_{k\to\infty}x_k=c$，则将式(2.7)两端取极限有

$$c=\lim_{k\to\infty}x_{k+1}=\lim_{k\to\infty}\varphi(x_k)=\varphi(\lim_{k\to\infty}x_k)=\varphi(c).$$

说明序列 $\{x_k\}_{k=0}^{\infty}$ 的极限就是式(2.6)的根，当然也就是 $f(x)=0$ 的根.

例 2.2.1 试用迭代法求方程 $x^3-x-1=0$ 在区间(1，2)内的实根.

解：考虑到

$$x^3-x-1=0\Leftrightarrow x=x^3-1,$$

构造迭代式

$$x_{k+1}=x_k{}^3-1,$$

取初值 $x_0=1.5$ 进行迭代

$$x_1=2.375,\ x_2=12.39,\ \cdots,$$

得到一发散序列，无法获得方程的根.

但我们也可以考虑

$$x^3-x-1=0\Leftrightarrow x=\sqrt[3]{x+1},$$

于是构造迭代式

$$x_{k+1}=\sqrt[3]{x_k+1},$$

仍然取初值 $x_0=1.5$ 进行迭代

$$x_1=1.35721,\ x_2=1.33086,\ \cdots,\ x_6=1.352473,\ x_7=1.32472,\ x_8=1.32472,\ \cdots,$$

得到一收敛序列，且极限就是原方程的根.

可见有的迭代式收敛，有的迭代式发散，所以现在的问题是想知道什么条件才能保证式（2.8）一定收敛呢?

定理 2.1(**迭代法的全局收敛定理**) 设函数 $\varphi(x)$ 满足如下条件.

① $\forall x\in[a,b]$，$\varphi(x)\in[a,b]$.

② $\exists$ 常数 L，使得 $\forall x\in[a,b]$，有 $|\varphi'(x)|\leqslant L<1$.

则（1）方程 $x=\varphi(x)$ 在区间 $[a,b]$ 有唯一根 x^*.

（2）$\forall x_0\in[a,b]$，由迭代式 $x_{k+1}=\varphi(x_k)$ 所得序列均收敛于 x^*.

（3）

$$|x_k-x^*|\leqslant\frac{L}{1-L}|x_k-x_{k-1}|, \tag{2.9}$$

$$|x_k-x^*|\leqslant\frac{L^k}{1-L}|x_1-x_0|. \tag{2.10}$$

证明：(1)存在性：

构造函数 $F(x)=x-\varphi(x)$，由于 $\varphi'(x)$ 存在，故 $\varphi(x)$ 连续，因而 $F(x)$ 连续，且

$$F(a)=a-\varphi(a)\leqslant a-a=0,$$
$$F(b)=b-\varphi(b)\geqslant b-b=0.$$

故由连续函数的性质知 $\exists x^*\in[a,b]$，使得

$$F(x^*)=0,$$

即

$$x^*=\varphi(x^*).$$

所以 $x=\varphi(x)$ 在区间 $[a,b]$ 有根 x^*.

唯一性：

假设方程 $x=\varphi(x)$ 还有一个根 α，即 $\alpha=\varphi(\alpha)$，由条件②和微分中值定理知

$$|x^*-\alpha|=|\varphi(x^*)-\varphi(\alpha)|=|\varphi'(\xi)(x^*-\alpha)|\leqslant L|x^*-\alpha|\ (\xi\in[a,b]).$$

由于 $L<1$，故必有 $x^*=\alpha$.

(2) 由条件②和微分中值定理有

$$\begin{aligned}|x_k-x^*|&=|\varphi(x_{k-1})-\varphi(x^*)|=|\varphi'(\xi)(x_{k-1}-x^*)|\\&\leqslant L|x_{k-1}-x^*|\leqslant\cdots\leqslant L^k|x_0-x^*|,\end{aligned}$$

而 $L<1$，故 $\lim\limits_{k\to\infty}x_k=x^*$，收敛性得证.

(3) $|x^*-x_{k+1}|=|\varphi(x^*)-\varphi(x_k)|\leqslant L|x^*-x_k|$,

$$\begin{aligned}\therefore|x^*-x_k|&=|x^*-x_{k+1}+x_{k+1}-x_k|\\&\leqslant|x^*-x_{k+1}|+|x_{k+1}-x_k|\\&\leqslant L|x^*-x_k|+|x_{k+1}-x_k|,\end{aligned}$$

$\therefore(1-L)|x^*-x_k|\leqslant|x_{k+1}-x_k|$,

$$\therefore|x^*-x_k|\leqslant\frac{1}{1-L}|x_{k+1}-x_k|=\frac{1}{1-L}|\varphi'(\xi)(x_k-x_{k-1})|\leqslant\frac{L}{1-L}|x_k-x_{k-1}|.$$

又

$$|x_k-x_{k-1}|=|\varphi(x_{k-1})-\varphi(x_{k-2})|\leqslant L|x_{k-1}-x_{k-2}|\leqslant\cdots\leqslant L^{k-1}|x_1-x_0|,$$

$$\therefore|x^*-x_k|\leqslant\frac{L^k}{1-L}|x_1-x_0|.$$

式 (2.9) 是事后误差估计式，实际计算中常用 $|x_k-x_{k-1}|\leqslant\varepsilon$（允许误差）作为迭代终止判断条件；式 (2.10) 是事前误差估计式，可以用来确定所需迭代次数.

注意：由证明过程知，条件①仅仅是保证方程有根，条件②保证了根的唯一性和迭代的收敛性，很多情况下如果我们已经知道 $x=\varphi(x)$ 在 $[a,b]$ 内有根，则条件①可不作要求. 此外，条件②可以放宽为 $\forall x_1, x_1\in[a,b]$，$\dfrac{\varphi(x_1)-\varphi(x_2)}{x_1-x_2}\leqslant L$.

由定理 2.1 可知，$x_{k+1}=\varphi(x_k)$ 收敛与否，收敛快慢与迭代函数 $\varphi(x)$ 在 $[a,b]$ 上的性质紧密相关. $\varphi(x)$ 变化剧烈，走势陡峭的时候，迭代式一般不收敛；迭代式收敛的时候，$\varphi(x)$ 一般变化缓慢，走势平坦；$\varphi(x)$ 走势越平坦，即 $|\varphi'(x)|$ 越小，迭代式如果收敛，则收敛速度越快；图 2－1(a) 和图 2－1(b) 从几何上反映了迭代法的收敛过程.

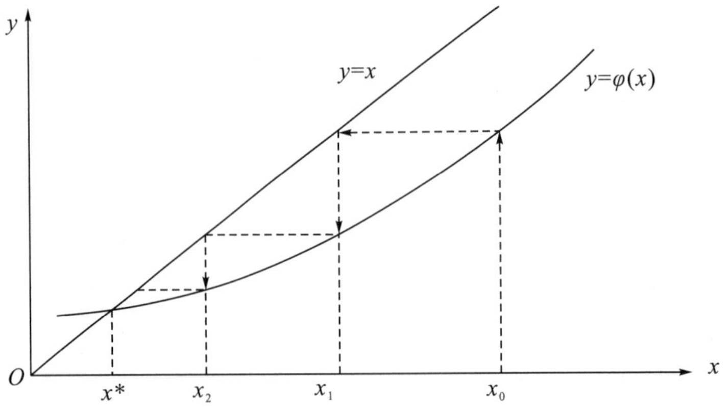

(a)

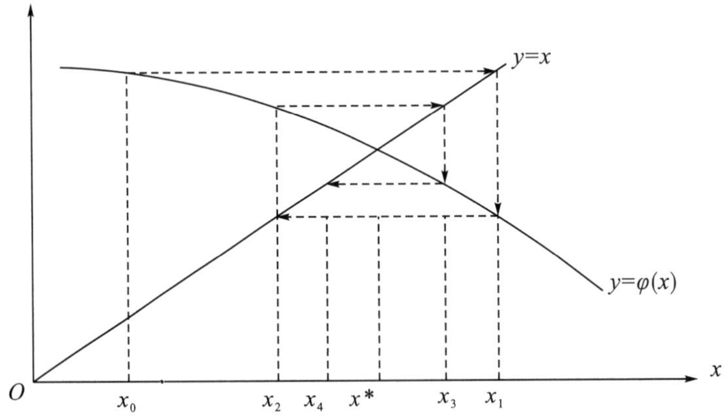

(b)

图 2—1　迭代法收敛过程

例 2.2.2　证明 $\forall x_0 \in \mathbf{R}$，由迭代式 $x_{k+1}=\cos(x_k)$所得到的序列$\{x_k\}_{k=0}^{\infty}$，必收敛于方程 $x=\cos x$ 的根.

证明：(1) 考虑区间 $[-1, 1]$,

$\forall x_0 \in [-1, 1]$，迭代函数 $\varphi(x)=\cos x \in [-1, 1]$,

$\forall x \in [-1, 1]$，$|\varphi'(x)|=|\sin x| \leqslant \sin 1 < 1$.

由定理 2.1 知：

$\forall x_0 \in [-1, 1]$，迭代式 $x_{k+1}=\cos x_k$ 所得序列$\{x_k\}_{k=0}^{\infty}$必收敛于方程 $x=\cos x$ 的根.

(2) $\forall x_0 \in \mathbf{R}$，$x_1=\cos x_0 \in [-1, 1]$，将 x_1 作为 $x_{k+1}=\cos x_k$ 的迭代初值，由 (1) 知所得序列$\{x_k\}_{k=0}^{\infty}$必收敛于 $x=\cos x$ 的根.

综上，命题得证.

一般来说，定理 2.1 中的条件在较大的区间 $[a, b]$ 上是较难满足的，因此实际应用中常在根 x^* 的附近来考察收敛性.

定义 2.1　设 x^* 是 $x=\varphi(x)$的根，如果存在 x^* 的 δ 邻域 $\Delta=\{x \mid |x-x^*| \leqslant \delta\}$，使得$\forall x_0 \in \Delta$，由迭代式 $x_{k+1}=\varphi(x_k)$所得序列$\{x_k\}_{k=0}^{\infty}$收敛，则称迭代过程 $x_{k+1}=$

$\varphi(x_k)$在根 x^* 附近具有局部收敛性.

定理 2.2(迭代法的局部收敛定理)　设 x^* 是方程 $x=\varphi(x)$的根，$\varphi'(x)$在 x^* 附近连续且$|\varphi'(x^*)|<1$，则迭代过程 $x_{k+1}=\varphi(x_k)$在 x^* 附近具有局部收敛性.

证明：$\varphi'(x)$在 x^* 附近连续，且 $|\varphi'(x^*)|<1$，所以由连续函数的性质知一定存在 x^* 的一个 δ 邻域 $\Delta=\{x \mid |x-x^*| \leqslant \delta\}=[x^*-\delta, x^*+\delta]$ 和 $0<L<1$，使得

$$\forall x \in \Delta,\ |\varphi'(x)| \leqslant L<1,$$

又

$\forall x \in \Delta$，$|\varphi(x)-x^*|=|\varphi(x)-\varphi(x^*)|=|\varphi'(\xi)|\,|x-x^*| \leqslant L\,|x-x^*| \leqslant \delta$($\xi$ 介于 x 与 x^* 之间)，

即

$$\forall x \in \Delta,\ \varphi(x) \in \Delta.$$

由定理 2.1 知，$\forall x_0 \in \Delta$，$x_{k+1}=\varphi(x_k)$所得序列收敛到 $x=\varphi(x)$的根 x^*，即迭代过程 $x_{k+1}=\varphi(x_k)$在 x^* 附近具有局部收敛性.

例 2.2.3　求方程 $x=\mathrm{e}^{-x}$在 $x=0.5$ 附近的一个根.

解：由于 x^* 未知，故过 $x=0.5$，以 $h=0.1$ 为步长，考察如下函数

$$F(x)=x-\varphi(x),$$

知

$$F(0.5)<0,\ F(0.6)>0,$$

故 $[0.5, 0.6]$ 是 $x=0.5$ 附近的一个有根区间.

又

$$|(\mathrm{e}^{-x})'|_{x^*} \leqslant \max_{0.5 \leqslant x \leqslant 0.6} |(\mathrm{e}^{-x})'|=\mathrm{e}^{-0.5}<1,$$

由定理 2.2，迭代式 $x_{k+1}=\mathrm{e}^{-x_k}$在 x^* 附近局部收敛，取 $x_0=0.5$ 进行计算，迭代 15 次后得 $x_{15}=0.56716$，而该方程取 5 位有效数字的根为 $x^*=0.56714$.

算法 2.2　迭代法.

功能　求方程 $x=\varphi(x)$的根.

输入　$\varphi(x)$，x_0，ε，N，L.

输出　根的近似值 C 或失败信息.

步 1　$flag \Leftarrow 0$；$count \Leftarrow 0$；$\varepsilon \Leftarrow (1-L) * \varepsilon$.

步 2　$x_1 \Leftarrow \varphi(x_0)$；$count \Leftarrow count+1$.

步 3　若$|x_1-x_0| \leqslant \varepsilon$，则 $flag \Leftarrow 1$，转步 4，

　　否则若 $count \leqslant N$，则 $x_0 \Leftarrow x_1$，转步 2，

　　否则转步 4.

步 4　若 $flag=1$，则 $C \Leftarrow x_1$，输出 C，

　　否则输出失败信息.

注 ε 是精度，N 是最大迭代数，当迭代发散或收敛很慢的时候有必要设定一个最大迭代次数以终止迭代并改用其他高效率算法.

§2.3　迭代法的收敛速度

衡量一个迭代法的好坏，除了考察它收敛与否之外，还要考察它的收敛速度，即收敛过程中迭代误差的下降速度，记 $e_k=x_k-x^*$ 为第 k 次迭代的误差.

定义 2.2　若存在常数 $p\geqslant 1$，$c\neq 0$，使得

$$\lim_{k\to\infty}\frac{|e_{k+1}|}{|e_k|^p}=c,$$

则称迭代过程 $x_{k+1}=\varphi(x_k)$是 p 阶收敛的，特别地，$p=1$ 称为线性收敛，$p>1$ 称为超线性收敛，$p=2$ 称为平方收敛.

显然，p 越大，迭代误差下降越快，收敛速度越快.

定理 2.3　设 $\varphi(x)$在 $x=\varphi(x)$的根 x^* 附近具有连续 p 阶导数，则对于迭代过程 $x_{k+1}=\varphi(x_k)$有

(1) $0<|\varphi'(x^*)|<1$ 时，迭代过程线性收敛.

(2) $\varphi'(x^*)=0$，$\varphi''(x^*)\neq 0$ 时，迭代过程平方收敛.

(3) $\varphi'(x^*)=\varphi''(x^*)=\cdots=\varphi^{(p-1)}(x^*)=0$，$\varphi^{(p)}(x^*)\neq 0$ 时，迭代过程 p 阶收敛.

证明：容易证明结论(1)和(2)的正确性，下面就结论(3)进行证明.

由于 $\varphi'(x^*)=0$，由定理 2.2 知迭代过程 $x_{k+1}=\varphi(x_k)$在 x^* 附近局部收敛.

将 $\varphi(x_k)$在 x^* 处作泰勒展开：

$$\begin{aligned}\varphi(x_k)&=\varphi(x^*)+\varphi'(x^*)(x_k-x^*)+\cdots+\frac{\varphi^{(p-1)}(x^*)}{(p-1)!}(x_k-x^*)^{p-1}+\frac{\varphi^{(p)}(\xi)}{p!}(x_k-x^*)^p\\&=\varphi(x^*)+\frac{\varphi^{(p)}(\xi)}{p!}(x_k-x^*)^p,\end{aligned}$$

即

$$\varphi(x_k)-\varphi(x^*)=\frac{\varphi^{(p)}(\xi)}{p!}(x_k-x^*)^p,\ \xi\text{ 介于 }x_k\text{ 与 }x^*\text{ 之间}.$$

将 $\varphi(x_k)=x_{k+1}$，$\varphi(x^*)=x^*$ 代入上式得

$$|x_{k+1}-x^*|=\left|\frac{\varphi^{(p)}(\xi)}{p!}\right||x_k-x^*|^p,$$

即

$$\frac{|e_{k+1}|}{|e_k|^p}=\left|\frac{\varphi^{(p)}(\xi)}{p!}\right|\xrightarrow{k\to\infty}\left|\frac{\varphi^{(p)}(x^*)}{p!}\right|\neq 0.$$

故迭代过程 $x_{k+1}=\varphi(x_k)$是 p 阶收敛的.

由定理 2.3 知，当迭代函数 $\varphi(x)$在 $x=\varphi(x)$的根 x^* 处有$\varphi'(x^*)\neq 0$ 时，迭代过程 $x_{k+1}=\varphi(x_k)$仅线性收敛，那么有没有办法加快收敛呢？由式(2.10)知迭代函数的一

阶导的绝对值越小，迭代过程收敛越快，下面我们利用这一原理来构造加速收敛格式.

$$\forall \lambda \neq 1,\ x=\varphi(x) \Leftrightarrow x-\lambda x=\varphi(x)-\lambda x \Leftrightarrow x=\frac{1}{1-\lambda}(\varphi(x)-\lambda x).$$

令

$$\psi(x)=\frac{1}{1-\lambda}(\varphi(x)-\lambda x).$$

则在 x^* 附近，当 $|\varphi'(x)|>|\psi'(x)|\approx 0$ 时，迭代过程 $x_{k+1}=\psi(x_k)$ 比迭代过程 $x_{k+1}=\varphi(x_k)$ 收敛更快. 由于

$$\psi'(x)=\frac{1}{1-\lambda}(\varphi'(x)-\lambda),$$

故参数 λ 可动态取值 $\lambda_k=\varphi'(x_k)\neq 1$，从而保证每次迭代 $\psi'(x_k)\approx 0$.

令

$$\omega_k=\frac{1}{1-\lambda_k}=\frac{1}{1-\varphi'(x_k)},$$

则称

$$x_{k+1}=\psi(x_k)=(1-\omega_k)x_k+\omega_k\varphi(x_k)$$

为松弛迭代式，ω_k 叫松弛因子，此方法叫松弛法.

上面的迭代式实际计算时涉及计算 $\varphi'(x_k)$ 是不可行的，为了避免计算 $\varphi'(x_k)$，可考虑用差商近似替代微商.

令

$$\begin{cases} x_{k+1}^{(1)}=\varphi(x_k) \\ x_{k+1}^{(2)}=\varphi(x_{k+1}^{(1)}) \end{cases},$$

则

$$\lambda_k=\varphi'(x_k)\approx\frac{\varphi(x_{k+1}^{(1)})-\varphi(x_k)}{x_{k+1}^{(1)}-x_k}=\frac{x_{k+1}^{(2)}-x_{k+1}^{(1)}}{x_{k+1}^{(1)}-x_k}.$$

代入 $x_{k+1}=\psi(x_k)$ 并整理得埃特金(Aitken)加速法

$$\begin{cases} x_{k+1}^{(1)}=\varphi(x_k) & \text{迭代} \\ x_{k+1}^{(2)}=\varphi(x_{k+1}^{(1)}) & \text{校正} \\ x_{k+1}=x_{k+1}^{(2)}-\dfrac{(x_{k+1}^{(2)}-x_{k+1}^{(1)})^2}{x_{k+1}^{(2)}-2x_{k+1}^{(1)}+x_k} & \text{加速再校正} \end{cases}.$$

每一步迭代要计算两次 $\varphi(x)$ 的值(一次迭代，一次校正)，并加速再校正一次，可以证明这是一个二阶收敛方法，通常用来加速具有线性收敛速度的迭代过程.

定理 2.4　设 $\varphi(x)$ 在方程 $x=\varphi(x)$ 的根 x^* 的某个邻域有二阶连续导数，且 $\varphi'(x^*)=c$ $(c\neq 0,\ c\neq 1)$，则前述的埃特金加速法局部二阶收敛于 x^*.

证明略.

§2.4　牛顿法

§2.4.1　牛顿迭代公式

设方程 $f(x)=0$ 在 $[a, b]$ 有根 x^*，按如下步骤求 x^* 的近似值.

(1) 在 x^* 附近取一点 x_0 作为 x^* 的第零次近似值；

(2) 过点 $(x_0, f(x_0))$ 作 $y=f(x)$ 的切线，切线与 x 轴的交点 $x_1=x_0-\dfrac{f(x_0)}{f'(x_0)}$ 作为 x^* 的第一次近似值；

(3) 过点 $(x_1, f(x_1))$ 作 $y=f(x)$ 的切线 $y-f(x_1)=f'(x_1)(x-x_1)$，切线与 x 轴的交点 $x_2=x_1-\dfrac{f(x_1)}{f'(x_1)}$ 作为 x^* 的第二次近似值；

(4) 依此类推我们按公式

$$x_{k+1}=x_k-\frac{f(x_k)}{f'(x_k)} \tag{2.11}$$

可获得一个序列 x_0，x_1，…，x_k，…逼近 x^*(图 2-2).

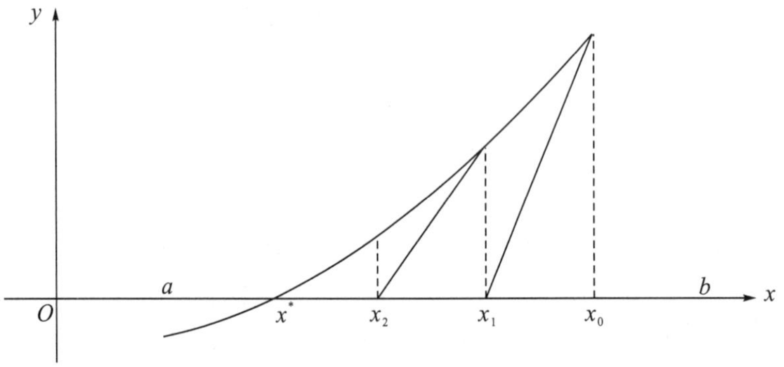

图 2-2　牛顿迭代法示意图

这种求根算法叫做牛顿迭代法，也称为切线法.

§2.4.2　牛顿迭代法的收敛性

定理 2.5　设 $f(x)\in C^2_{[a,b]}$，$f(x)=0$ 在 $[a, b]$ 有单根 x^*，且 $f''(x^*)\neq 0$，则牛顿迭代式 $x_{k+1}=x_k-\dfrac{f(x_k)}{f'(x_k)}$ 局部平方收敛于 x^*.

证明：牛顿迭代式 $x_{k+1}=x_k-\dfrac{f(x_k)}{f'(x_k)}$ 的迭代函数

$$\varphi(x)=x-\frac{f(x)}{f'(x)},$$

则

$$\varphi'(x)=f''(x)\cdot f(x)/[f'(x)]^2.$$

又 x^* 是 $f(x)=0$ 的单根，故

$$f(x^*)=0,\ f'(x^*)\neq 0,$$

故

$$\varphi'(x^*)=\frac{f''(x^*)\cdot f(x^*)}{[f'(x^*)]^2}=0,$$

故 $\varphi(x)$ 在 x^* 附近不仅连续而且 $|\varphi'(x)|<1$.

由定理 2.2 知牛顿迭代法局部收敛.

另：

$$f(x^*)=f(x_k)+(x^*-x_k)f'(x_k)+\frac{1}{2}(x^*-x_k)^2f''(\zeta),$$

$$0=f'(x_k)\cdot(x_k-x_{k+1})+(x^*-x_k)f'(x_k)+\frac{1}{2}(x^*-x_k)^2f''(\zeta),$$

$$0=f'(x_k)\cdot(x^*-x_{k+1})+\frac{1}{2}(x^*-x_k)^2f''(\zeta),$$

$$\left|\frac{x^*-x_{k+1}}{(x^*-x_k)^2}\right|=\frac{1}{2}\left|\frac{f''(\zeta)}{f'(x_k)}\right|\to\frac{1}{2}\left|\frac{f''(x^*)}{f'(x^*)}\right|\neq 0.$$

故牛顿迭代法局部平方收敛.

牛顿法在单根附近是平方收敛的，但如果 x^* 是 $f(x)$ 的重根，此时牛顿法是线性收敛的，且重数越高，收敛越慢. 同时，牛顿法对初值的选取要求较高，初值必须充分靠近 x^* 才能保证收敛，下面定理给出了一个保证迭代收敛的非局部选取初值的方法.

定理 2.6 设 $f(x)\in C^2_{[a,b]}$ 且

(1) $f(a)\cdot f(b)<0$.

(2) $\forall x\in[a,b]$，$f'(x)\neq 0$.

(3) $\forall x\in[a,b]$，$f''(x)$ 恒正或恒负.

若初值 $x_0\in[a,b]$ 且满足 $f(x_0)\cdot f''(x_0)>0$，则由牛顿迭代法所产生的序列平方收敛到方程 $f(x)=0$ 在 $[a,b]$ 上的唯一解.

证明略.

定理 2.7 设在 x^* 的某个邻域 $f(x)$ 具有直到 $m+1(m\geqslant 2)$ 阶的导数，且 x^* 是 $f(x)=0$ 的 m 重根，即：

$$f(x^*)=f'(x^*)=\cdots=f^{(m-1)}(x^*)=0,\ f^{(m)}(x^*)\neq 0.$$

则：(1) 牛顿迭代式 $x_{k+1}=x_k-\dfrac{f(x_k)}{f'(x_k)}$ 局部线性收敛于 x^*；

(2) 修正的牛顿迭代式 $x_{k+1}=x_k-m\dfrac{f(x_k)}{f'(x_k)}$ 局部收敛于 x^* 且至少是二阶的.

证明：(1) 显然，牛顿迭代式的迭代函数

$$\varphi(x)=x-\frac{f(x)}{f'(x)}$$

且方程 $x=\varphi(x)$ 有根x^*．下面只需要证明 $0<|\varphi'(x^*)|<1$，则由定理 2.3 知结论（1）成立．利用泰勒展开式有

$$f(x^*+h)=\frac{f^{(m)}(x^*)}{m!}h^m+\frac{f^{(m+1)}(\xi_1)}{(m+1)!}h^{m+1},\ \xi_1\in(x^*,\ x^*+h).$$

$$f'(x^*+h)=\frac{f^{(m)}(x^*)}{(m-1)!}h^{m-1}+\frac{f^{(m+1)}(\xi_2)}{m!}h^m,\ \xi_2\in(x^*,\ x^*+h).$$

则

$$\varphi(x^*+h)=(x^*+h)-\frac{f(x^*+h)}{f'(x^*+h)}=\varphi(x^*)+h-\frac{f(x^*+h)}{f'(x^*+h)}.$$

即

$$\varphi(x^*+h)-\varphi(x^*)=h-\frac{\dfrac{f^{(m)}(x^*)}{m!}h^m+\dfrac{f^{(m+1)}(\xi_1)}{(m+1)!}h^{m+1}}{\dfrac{f^{(m)}(x^*)}{(m-1)!}h^{m-1}+\dfrac{f^{(m+1)}(\xi_2)}{m!}h^m}$$

$$=h-\frac{\dfrac{h}{m}+\dfrac{f^{(m+1)}(\xi_1)(m-1)!\ h^2}{f^{(m)}(x^*)(m+1)!}}{1+\dfrac{f^{(m+1)}(\xi_2)(m-1)!}{f^{(m)}(x^*)m!}h}.$$

故

$$\frac{\varphi(x^*+h)-\varphi(x^*)}{h}=1-\frac{\dfrac{1}{m}+\dfrac{f^{(m+1)}(\xi_1)(m-1)!\ h}{f^{(m)}(x^*)(m+1)!}}{1+\dfrac{f^{(m+1)}(\xi_2)(m-1)!}{f^{(m)}(x^*)m!}h}.$$

所以

$$\varphi'(x^*)=\lim_{h\to 0}\frac{\varphi(x^*+h)-\varphi(x^*)}{h}=1-\frac{1}{m}$$

显然有

$$0<|\varphi'(x^*)|<1.$$

（2）迭代式 $x_{k+1}=x_k-m\dfrac{f(x_k)}{f'(x_k)}$所对应的迭代函数为

$$\psi(x)=x-m\frac{f(x)}{f'(x)}.$$

显然方程 $x=\psi(x)$ 有根x^*，则由（1）可得

$$\psi'(x^*)=1-m\cdot\frac{1}{m}=0.$$

由定理 2.3 知结论（2）成立．

代数方程求根

用牛顿迭代式 $x_{k+1}=x_k-\dfrac{f(x_k)}{f'(x_k)}$求代数方程 $f(x)=0$ 的根会涉及计算 n 次多项式

$$f(x)=a_0+a_1x+a_2x^2+\cdots+a_nx^n \quad (a_n\neq 0) \tag{2.12}$$

及其导函数在 x_k 处的函数值 $f(x_k)$ 与 $f'(x_k)$，此时可以考虑使用秦九韶算法. 令

$$f(x)=f(x_k)+(x-x_k)q(x), \tag{2.13}$$

则

$$f'(x)=q(x)+(x-x_k)q'(x),$$
$$f'(x_k)=q(x_k),$$

且 $q(x)$是 $n-1$ 次代数多项式，不妨令其为

$$q(x)=b_0+b_1x+b_2x^2+\cdots+b_{n-1}x^{n-1} \quad (b_{n-1}\neq 0). \tag{2.14}$$

将式（2.14）代入式（2.13）得

$$\begin{aligned}f(x)=f(x_k)-b_0x_k+(b_0-b_1x_k)x+(b_1-b_2x_k)x^2+\cdots+\\(b_{n-3}-b_{n-2}x_k)x^{n-2}+(b_{n-2}-b_{n-1}x_k)x^{n-1}+b_{n-1}x^n\end{aligned} \tag{2.15}$$

比较式（2.15）与式（2.12）的同次幂系数有

$$\begin{cases}f(x_k)=a_0+b_0\cdot x_k\\ b_0=a_1+b_1\cdot x_k\\ b_1=a_2+b_2\cdot x_k\\ \quad\vdots\\ b_{n-3}=a_{n-2}+b_{n-2}\cdot x_k\\ b_{n-2}=a_{n-1}+b_{n-1}\cdot x_k\\ b_{n-1}=a_n+0\cdot x_k\end{cases},$$

即

$$\begin{cases}b_n=0\\ b_i=a_{i+1}+b_{i+1}\cdot x_k \quad (i=n-1,\ n-2,\ \cdots,\ 1,\ 0,\ -1).\\ f(x_k)=b_{-1}\end{cases} \tag{2.16}$$

通过式（2.16）我们高效完成了 $f(x_k)$ 的计算，接下来讨论 $f'(x_k)=q(x_k)$ 的计算方法. 考虑到 $q(x)$ 的系数 b_0，b_1，…，b_{n-1}已经算出，我们按照计算 $f(x_k)$ 的思路如法炮制. 令

$$q(x)=q(x_k)+(x-x_k)r(x),$$

其中

$$r(x)=c_0+c_1x+c_2x^2+\cdots+c_{n-2}x^{n-2}.$$

则

$$\begin{aligned}q(x)=q(x_k)-c_0x_k+(c_0-c_1x_k)x+(c_1-c_2x_k)x^2+\cdots+\\(c_{n-4}-c_{n-3}x_k)x^{n-3}+(c_{n-3}-c_{n-2}x_k)x^{n-2}+c_{n-1}x^{n-1}\end{aligned} \tag{2.17}$$

比较式（2.17）和式（2.14）的同次幂系数有

$$\begin{cases} q(x_k)=b_0+c_0\cdot x_k \\ c_0=b_1+c_1\cdot x_k \\ c_1=b_2+c_2\cdot x_k \\ \vdots \\ c_{n-4}=b_{n-3}+c_{n-3}\cdot x_k \\ c_{n-3}=b_{n-2}+c_{n-2}\cdot x_k \\ c_{n-2}=b_{n-1}+0\cdot x_k \end{cases},$$

即

$$\begin{cases} c_{n-1}=0 \\ c_i=b_{i+1}+c_{i+1}\cdot x_k \ (i=n-2,\ n-3,\ \cdots,\ 1,\ 0,\ -1). \\ q(x_k)=c_{-1} \end{cases} \tag{2.18}$$

式（2.18）完成了 $q(x_k)$ 的计算．为提高计算效率，程序设计时不必对每一个 b_i，$c_i(i=n-1,\ n-2,\ \cdots,\ 1,\ 0,\ -1)$ 分配固定的存储空间，可将式（2.16）和式（2.18）综合成如下算法．

计算代数多项式在某点函数值及其导数值的秦九韶算法：

①输入 x_k，a_0，a_1，…，a_n；

② $c=0$，$b=a_n$；

③对 $i=n-2,\ n-3,\ \cdots,\ 1,\ 0,\ -1$ 循环执行

$$\begin{cases} temp=b \\ b=a_{i+1}+temp\cdot x_k \ (i=n-2,\ n-3,\ \cdots,\ 1,\ 0,\ -1); \\ c=temp+c\cdot x_k \end{cases}$$

④ $f(x_k)=b$，$f'(x_k)=c$．

例 2.4.1 写出用牛顿法求 $x^n-c=0$ 的根 $\sqrt[n]{c}$ 的迭代式，并求

$$\lim_{k\to\infty}\frac{x_{k+1}-\sqrt[n]{c}}{(x_k-\sqrt[n]{c})^2}.$$

解：令

$$f(x)=x^n-c,\ 则\ f'(x)=nx^{n-1},$$

由牛顿迭代式

$$x_{k+1}=x_k-\frac{f(x_k)}{f'(x_k)}=x_k-\frac{x_k^n-c}{nx_k^{n-1}},$$

即

$$x_{k+1}=\frac{(n-1)x_k^n-c}{nx_k^{n-1}}.$$

因 $\alpha=\sqrt[n]{c}$ 是 $f(x)=0$ 的单根，则此迭代式局部收敛于 $\sqrt[n]{c}$．

即

$$\lim_{k\to\infty}x_k=\sqrt[n]{c}.$$

若 $f(x)$ 有连续的二阶导数，则

$$0=f(\alpha)=f(x_k)+f'(x_k)(\alpha-x_k)+\frac{1}{2}f''(\zeta_k)(\alpha-x_k)^2,$$

其中，ζ_k 介于 α 于 x_k 之间.

显然

$$\lim_{k\to\infty}\zeta_k=\alpha,$$

又

$$x_{k+1}=x_k-\frac{f(x_k)}{f'(x_k)},$$

则

$$f(x_k)=f'(x_k)(x_k-x_{k+1}).$$

故

$$0=f'(x_k)(x_k-x_{k+1})+f'(x_k)(\alpha-x_k)+\frac{1}{2!}f''(\zeta_k)(\alpha-x_k)^2.$$

即

$$0=f'(x_k)(\alpha-x_{k+1})+\frac{1}{2}f''(\zeta_k)(\alpha-x_k)^2,$$

$$\alpha-x_{k+1}=-\frac{1}{2}\frac{f''(\zeta_k)}{f'(x_k)}(\alpha-x_k)^2,$$

$$\lim_{k\to\infty}\frac{x_{k+1}-\alpha}{(x_k-\alpha)^2}=\lim_{k\to\infty}\frac{1}{2}\frac{f''(\zeta_\alpha)}{f'(x_\alpha)}=\frac{1}{2}\frac{f''(\sqrt[n]{c})}{f'(\sqrt[n]{c})}$$

$$=\frac{1}{2}\frac{n(n-1)(\sqrt[n]{c})^{n-2}}{n(\sqrt[n]{c})^{n-1}}=\frac{n-1}{2\sqrt[n]{c}}.$$

例 2.4.2　取初值 $x_0=2.5$，用牛顿法求 $\sqrt{7}$ 的近似值，要求 $|x_n-x_{n-1}|<\frac{1}{2}\times10^{-5}$.

解：构造函数

$$f(x)=x^2-7,$$

则：$f(x)=0$ 的正根就是 $\sqrt{7}$.

因为 $f'(x)=2x$，故由牛顿迭代式有：

$$x_{n+1}=x_n-\frac{f(x_n)}{f'(x_n)}=x_n-\frac{x_n^2-7}{2x_n}=\frac{1}{2}\left(x_n+\frac{7}{x_n}\right)\ (n=1,\ 2,\ 3,\ \cdots).$$

取初值 $x_0=2.5$ 进行迭代，结果如下：

$$x_0=2.50000000000000,$$

$$x_1=2.65000000000000,$$

$$x_2=2.64575471698113,$$

$$x_3=2.64575131106678,$$

由于

$$|x_3-x_2|<\frac{1}{2}\times10^{-5},$$

故

$$\sqrt{7} \approx x_3 \approx 2.64575.$$

§2.4.3 简化牛顿法、弦截法、牛顿下山法

牛顿法是一种重要的方程求根的方法，其优点是形式简单且收敛快速，但其缺点除对初始值要求严格之外，还要求计算一系列一阶导数值，增大了计算量，因此以牛顿法为基础提出了简化牛顿法和弦截法，可有效避免一阶导数的计算.

1. 简化牛顿法

在牛顿迭代式

$$x_{k+1} = x_k - \frac{f(x_k)}{f'(x_k)}$$

中，恒取 $f'(x_k) = f'(x_0)(k=1, 2, \cdots)$得

$$x_{k+1} = x_k - \frac{f(x_k)}{f'(x_0)}, \tag{2.19}$$

称此迭代式为简化牛顿公式.

2. 弦截法

在牛顿迭代式中取

$$f'(x_k) \approx \frac{f(x_k) - f(x_{k-1})}{x_k - x_{k-1}},$$

得

$$x_{k+1} = x_k - \frac{f(x_k)}{f(x_k) - f(x_{k-1})} \cdot (x_k - x_{k-1}), \tag{2.20}$$

称此迭代式为动端点弦截法迭代式，其实质是用差商代替微商，割线代替切线，是一种两步法. 即需要两个初值 x_0，x_1，迭代才能进行下去. 其迭代过程的几何示意如图 2－3(a)所示，过点$(x_0, f(x_0))$，$(x_1, f(x_1))$作 $y=f(x)$的割线，割线与 x 轴的交点为 x^* 的第二次近似值 x_2；再过$(x_1, f(x_1))$，$(x_2, f(x_2))$作 $y=f(x)$的割线，其与 x 轴的交点作为 x^* 的第三次近似值 x_3；依此类推，可获得一点列 x_0，x_1，x_2，…，x_k，…，逐渐逼近 x^*，可以证明弦截法的收敛阶 $p = \frac{1+\sqrt{5}}{2} \approx 1.618$.

为了简化迭代，有时候也采用迭代式(2.21)，称为定端点弦截法，即固定弦的一端进行迭代. 这是一种线性收敛的单步迭代法，其迭代过程的几何示意如图 2－3(b)所示.

$$x_{k+1} = x_k - \frac{f(x_k)}{f(x_k) - f(x_0)} \cdot (x_k - x_0). \tag{2.21}$$

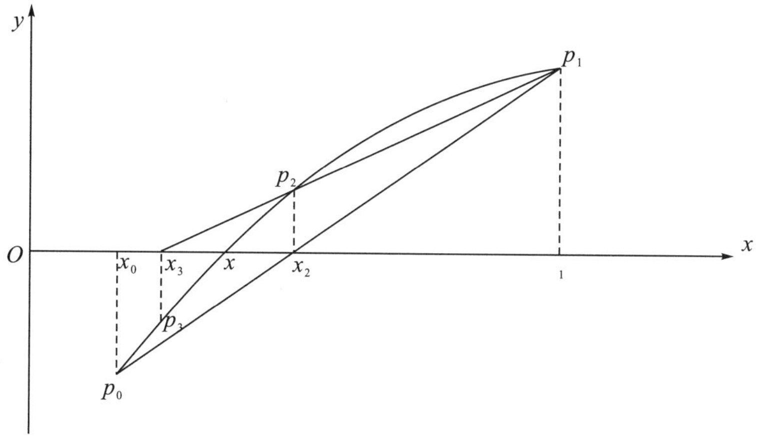

(a) 动端点弦截法示意图

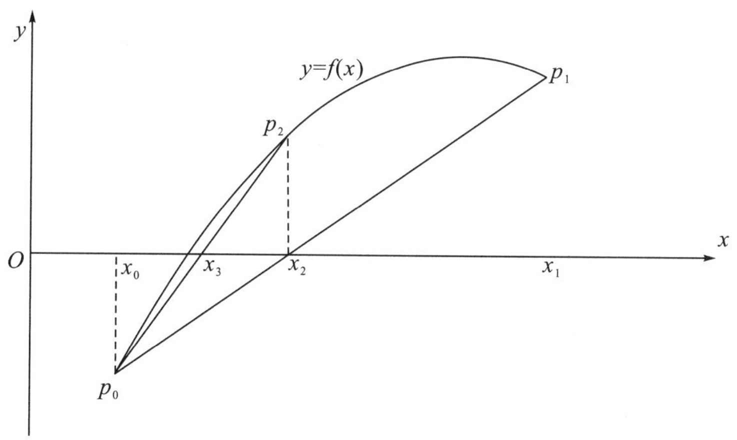

(b) 定端点弦截法示意图

图 2—3　弦截法示意图

3. 牛顿下山法

牛顿法是局部收敛的，初值 x_0 必须在根 x^* 的附近选取才能保证迭代收敛. 为了扩大初值 x_0 的选取范围，常采用牛顿下山法，其迭代式为

$$x_{k+1}=x_k-\lambda\frac{f(x_k)}{f'(x_k)}(k=0,\ 1,\ 2,\ \cdots). \tag{2.22}$$

其中 $0<\lambda\leqslant 1$ 称为下山因子，牛顿下山法就是通过选取适当的下山因子 λ，使单调性条件

$$|f(x_{k+1})|<|f(x_k)| \tag{2.23}$$

成立，通常，依次从数列 1，$\frac{1}{2}$，$\frac{1}{2^2}$，$\frac{1}{2^3}$，…中选取一个 λ 代入(2.22)式，直到满足式(2.23)为止. 如果 λ 已经很小而(2.23)式仍无法满足则应重新选取初值 x_0 进行迭代.

算法 2.3　牛顿法.

功能　求方程 $f(x)=0$ 的根.

输入　$f(x)$，$f'(x)$，x_0，N，ε.

输出　方程 $f(x)=0$ 在 x_0 附近的根的近似值 C 或失败信息.

步 1　$flag \Leftarrow 0$，$count \Leftarrow 0$，$\varepsilon \Leftarrow (1-|f'(x_0)|)\varepsilon$.

步 2　$x_1 \Leftarrow x_0 - \dfrac{f(x_0)}{f'(x_0)}$；$count \Leftarrow count+1$.

步 3　若 $|x_1-x_0| \leqslant \varepsilon$，则 $flag \Leftarrow 1$，转步 4.

　　否则若 $count \leqslant N$，则 $x_0 \Leftarrow x_1$，转步 2，否则转步 4.

步 4　若 $flag=1$，则 $c \Leftarrow x_1$，输出 C，否则输出失败信息.

注 N 是最大迭代次数，ε 是精度.

算法 2.4　弦截法.

功能　求方程 $f(x)=0$ 的根.

输入　$f(x)$，x_0，x_1，N，ε.

输出　方程 $f(x)=0$ 在 x_0 附近的根 x^* 的近似值 C 或失败信息.

步 1　$flag \Leftarrow 0$；$count \Leftarrow 0$；$\varepsilon \Leftarrow \left(1-\left|\dfrac{f(x_1)-f(x_k)}{x_1-x_0}\right|\right)\cdot\varepsilon$.

步 2　$x_2 \Leftarrow x_1 - \dfrac{f(x_1)}{f(x_1-f(x_2))}\cdot(x_1, x_0)$；$count \Leftarrow count+1$.

步 3　若 $|x_2-x_1| \leqslant \varepsilon$，则 $flag \Leftarrow 1$，转步 4.

　　否则若 $count \leqslant N$，则 $x_0 \Leftarrow x_1$，$x_1 \Leftarrow x_2$，转步 2，否则转步 4.

步 4　若 $flag=1$，则 $C \Leftarrow x_2$，输出 C.

注 N 是最大迭代次数，ε 是精度.

算法 2.5　牛顿下山法.

功能　求方程 $f(x)=0$ 的根.

输入　$f(x)$，$f'(x)$，N，ε_1，ε_2，a，b.

输出　方程 $f(x)=0$ 在 $[a, b]$ 的根 x^* 的近似值 C 或失败信息.

步 1　$flag \Leftarrow 0$；$count \Leftarrow 0$；$n \Leftarrow [-\log_2 \varepsilon_2]+1$.

　　$M \Leftarrow \{m_0, m_1, \cdots, m_n\} = \left\{1, \dfrac{1}{2}, \dfrac{1}{2^2}, \cdots, \dfrac{1}{2^n}\right\}$.

步 2　取 $x_0 \in [a, b]$，$i \Leftarrow 0$.

步 3　$\lambda \Leftarrow m$；$i \Leftarrow i+1$.

步 4　$x_1 \Leftarrow x_0 - \lambda\dfrac{f(x_0)}{f'(x_0)}$；$count \Leftarrow count+1$.

步 5　若 $|x_1-x_2| \leqslant \varepsilon_1$，则 $flag \Leftarrow 1$；转步 6.

　　若 $count > N$，则转步 6.

　　若 $|f(x_1)| < |f(x_2)|$ 则 $i \Leftarrow 0$，$x_0 \Leftarrow x_1$，转步 3.

　　否则

　　若 $i=n$，则转步 2；否则转步 3.

步 6　若 $flag=1$，则 $C \Leftarrow x_1$，输出 C；否则输出失败信息.

习题 2

1. 用二分法求方程 $x=\cos x$ 在(0，1)内的根，要求误差不超过 $\varepsilon=\frac{1}{2}\times10^{-3}$，需二分多少次？

2. 用二分法求方程 $e^{x}+2x-3=0$ 的根，要求误差不超过 $\varepsilon=\frac{1}{2}\times10^{-3}$.

3. 用牛顿法求方程 $x^{3}-x^{2}-x-1=0$ 的正根及方程 $\cos x=\frac{1}{2}+\sin x$ 的最小正根，要求 $|x_{k}-x_{k-1}|<\frac{1}{2}\times10^{-5}$.

4. 试构造迭代式求

(1) $\lim\limits_{k\to\infty}\underbrace{\sqrt{2+\sqrt{2+\cdots+\sqrt{2}}}}_{k个2}$.

(2) $\lim\limits_{k\to\infty}\cfrac{1}{1+\cfrac{1}{1+\cfrac{1}{1+\cdots}}}$ (k 条分数线).

5. 取初值 $x_{0}=11$，用牛顿法求 $\sqrt{115}$ 的近似值，要求 $|x_{k}-x_{k-1}|\leqslant0.00005$.

6. 为求方程 $x^{3}-x^{2}-1=0$ 在 $x=1.5$ 附近的根 α，将方程写成下列等价形式，并分别建立相应的迭代格式

(1) $x=1+\frac{1}{x^{2}}$，迭代式 $x_{k+1}=1+\frac{1}{x_{k}^{2}}$.

(2) $x=\sqrt[3]{1+x^{2}}$，迭代式 $x_{k+1}=\sqrt[3]{1+x_{k}^{2}}$.

(3) $x=\sqrt{\frac{1}{x-1}}$，迭代式 $x_{k+1}=\sqrt{\frac{1}{x_{k}-1}}$.

试分析三种迭代式的收敛性.

7. 设 $\varphi(x)=x+c(x^{2}-3)$，应如何选取 c 才能使迭代式 $x_{k+1}=\varphi(x_{k})$ 具有局部收敛性.

8. 研究求 $\sqrt{a}$ 的牛顿公式 $x_{k+1}=\frac{1}{2}\left(x_{k}+\frac{a}{x_{k}}\right)$，$x>0$，$k=0$，1，…，证明：对一切 $k=1$，2，…，$x_{k}\geqslant\sqrt{a}$，且 $\{x_{k}\}$ 单调递减，从而收敛.

9. 给定函数 $f(x)$，设对一切 x，$f'(x)$ 存在且 $0<m\leqslant f'(x)\leqslant M$，证明：$\forall\,0<\lambda<\frac{2}{M}$，迭代过程 $x_{k+1}=x_{k}-\lambda f(x_{k})$ 均收敛于 $f(x)=0$ 的根 α.

10. 已知 $x=\varphi(x)$ 在区间 $[a,b]$ 内只有一个实根，且 $\forall x\in(a,b)$，$|\varphi'(x)|\geqslant c>1$，问如何将 $x=\varphi(x)$ 化为适合迭代的形式？

11. 将 $x=\mathrm{tg}(x)$ 化为适合迭代的形式，并求 $x=4.5$(弧度)附近的根.

12. 已知 $\alpha\in[a, b]$，满足 $\alpha=g(\alpha)$，$\forall x\in[a, b]$ $g'(x)$连续且$|g'(x)-4|<1$，试构造适当的迭代式计算 α，并求其收敛阶.

13. 分别用牛顿迭代法、简单牛顿法和割线法求方程 $x^3-3x-1=0$ 在 $x_0=2$ 附近的根，要求$|x_k-x_{k-1}|\leqslant 0.00005$.

第 3 章　线性方程组的数值解法

许多工程问题，如油气勘探、油气开采、火箭发射、桥梁设计、经济金融、生物繁衍、天气预报、无线信号传输等都可转化为求解偏微分方程，而偏微分方程的求解，最终都意味着中大型线性方程组的数值求解. 关于线性方程组的数值解法一般分为直接法和迭代法，本章先讨论迭代法，再讨论直接法.

§3.1　预备知识

对于一个由 n 个未知量，n 个方程构成的方程组，可以记为如下矩阵方程的形式：

$$\boldsymbol{A}\boldsymbol{x}=\boldsymbol{b}.\qquad ,$$

其中 $\boldsymbol{A}\in\mathbf{R}^{n\times n}$，$\boldsymbol{x}$，$\boldsymbol{b}\in\mathbf{R}^{n\times 1}$.

借助于方程求根的迭代法思想，如能找到恰当的 $\boldsymbol{B}$ 和 $\boldsymbol{g}$，其中 $\boldsymbol{B}\in\mathbf{R}^{n\times n}$，$\boldsymbol{g}\in\mathbf{R}^{n\times 1}$，使得：

$$\boldsymbol{A}\boldsymbol{x}=\boldsymbol{b}\Leftrightarrow\boldsymbol{x}=\boldsymbol{B}\boldsymbol{x}+\boldsymbol{g},\tag{3.1}$$

于是原方程组的求解转化为对方程组 $\boldsymbol{x}=\boldsymbol{B}\boldsymbol{x}+\boldsymbol{g}$ 求解.

对任意的初始向量$\boldsymbol{x}^{(0)}$，通过 $\boldsymbol{x}=\boldsymbol{B}\boldsymbol{x}+\boldsymbol{g}$，我们可以诱导出如下迭代式

$$\begin{cases}\boldsymbol{x}^{(k)}=\boldsymbol{B}\boldsymbol{x}^{(k-1)}+\boldsymbol{g}\\ \boldsymbol{x}^{(0)}\end{cases},\tag{3.2}$$

如果由(3.2)所获得的向量序列

$$\boldsymbol{x}^{(0)},\ \boldsymbol{x}^{(1)},\ \cdots,\ \boldsymbol{x}^{(k)},\ \cdots\tag{3.3}$$

收敛，那么(3.3)的极限向量就是原方程组的解向量. 那么，向量序列的极限是如何定义的呢？为此，我们需要先做一系列的准备工作.

§3.1.1　向量范数

定义 3.1　设 $\mathbf{R}^n$ 是 n 维实向量空间，$\|\boldsymbol{x}\|$是定义在 $\mathbf{R}^n$ 上的一个函数，且满足下列条件：

（1）非负性 $\forall\boldsymbol{x}\in\mathbf{R}^n$，$\|\boldsymbol{x}\|\geqslant 0$；当且仅当 $\boldsymbol{x}=0$ 时，$\|\boldsymbol{x}\|=0$.

（2）齐次性 $\forall k\in\mathbf{R}$ 和 $\forall x\in\mathbf{R}^n$，$\|k\boldsymbol{x}\|=|k|\cdot\|\boldsymbol{x}\|$.

(3) 三角不等式$\forall \boldsymbol{x}, \boldsymbol{y} \in \mathbf{R}^n$，$\|\boldsymbol{x}+\boldsymbol{y}\| \leqslant \|\boldsymbol{x}\|+\|\boldsymbol{y}\|$.

则称$\|\cdot\|$为$\mathbf{R}^n$上的一种范数(长度).

设$\boldsymbol{x}=[x_1, x_2, \cdots, x_n]^{\mathrm{T}}$，且令

$$\|\boldsymbol{x}\|_1=\sum_{i=1}^{n}|x_i|,$$

$$\|\boldsymbol{x}\|_2=(\sum_{i=1}^{n}|x_i{}^2|)^{\frac{1}{2}},$$

$$\|\boldsymbol{x}\|_{\infty}=\max_{1 \leqslant i \leqslant n}|x_i|.$$

容易验证$\|\boldsymbol{x}\|_1$，$\|\boldsymbol{x}\|_2$，$\|\boldsymbol{x}\|_{\infty}$均为$\mathbf{R}^n$上的范数，分别称为$\mathbf{R}^n$上的1－范数、2－范数、$\infty$－范数，可以统一地记为$\|\boldsymbol{x}\|_p$，($p=1, 2, \infty$)，称为向量$x$的$p$范数.

向量之间是无法比较大小的，但是可以将向量取同类范数后对其相应的范数比较大小，因此，范数是向量“大小”的一种度量。特别地，$\|\boldsymbol{x}-\boldsymbol{y}\|_p$为向量$\boldsymbol{x}$，$\boldsymbol{y}$之间接近程度的一种度量，该值越小，说明$\boldsymbol{x}$，$\boldsymbol{y}$越接近，反之越远离. 或者可以这样理解：$\|\boldsymbol{x}-\boldsymbol{y}\|_p$表示$n$维空间中的两个点$\boldsymbol{x}$，$\boldsymbol{y}$之间的“距离”.

例 3.1.1 设向量$\boldsymbol{x}=[-1, 0, 2]^{\mathrm{T}}$，则

$$\|\boldsymbol{x}\|_1=3,\ \|\boldsymbol{x}\|_2=\sqrt{5},\ \|\boldsymbol{x}\|_{\infty}=2.$$

定义 3.2 $\|\cdot\|_p$与$\|\cdot\|_q$是定义在$\mathbf{R}^n$上的两种不同的范数，如果存在常数c_1，c_2使得$\forall \boldsymbol{x} \in \mathbf{R}^n$有

$$c_1\|\boldsymbol{x}\|_p \leqslant \|\boldsymbol{x}\|_q \leqslant c_2\|\boldsymbol{x}\|_p,$$

则称$\|\cdot\|_p$与$\|\cdot\|_q$等价.

定理 3.1 $\|\cdot\|_1$，$\|\cdot\|_2$，$\|\cdot\|_{\infty}$两两等价.

证明：首先证明不等式$\|\boldsymbol{x}\|_2 \leqslant \|\boldsymbol{x}\|_1 \leqslant \sqrt{n}\|\boldsymbol{x}\|_2$.

$$\|\boldsymbol{x}\|_1=\sum_{i=1}^{n}|x_i|=[(\sum_{i=1}^{n}|x_i|)^2]^{\frac{1}{2}} \geqslant (\sum_{i=1}^{n}|x_i|^2)^{\frac{1}{2}}=\|\boldsymbol{x}\|_2.$$

由柯西不等式：

$$\begin{aligned}\sqrt{n}\cdot\|\boldsymbol{x}\|_2&=\sqrt{n}\cdot(\|\boldsymbol{x}\|_2^2)^{\frac{1}{2}}=(n\cdot\sum_{i=1}^{n}|x_i|^2)^{\frac{1}{2}}\\&=[(1^2+1^2+\cdots+1^2)(|x_1|^2+|x_2|^2+\cdots+|x_n|^2)]^{\frac{1}{2}}\\&\geqslant[(|x_1|+|x_2|+\cdots+|x_n|)^2]^{\frac{1}{2}}=\|\boldsymbol{x}\|_1.\end{aligned}$$

$\therefore \|\cdot\|_1$与$\|\cdot\|_2$等价.

其次可以证明如下不等式成立

$$\|\boldsymbol{x}\|_{\infty} \leqslant \|\boldsymbol{x}\|_1 \leqslant n\|\boldsymbol{x}\|_{\infty}.$$

$$\|\boldsymbol{x}\|_{\infty} \leqslant \|\boldsymbol{x}\|_2 \leqslant \sqrt{n}\|\boldsymbol{x}\|_{\infty}.$$

$\therefore \|\cdot\|_1$，$\|\cdot\|_2$，$\|\cdot\|_{\infty}$两两等价.

定理 3.2（向量范数的等价性定理） 设$\|\boldsymbol{x}\|_p$和$\|\boldsymbol{x}\|_q$是$\mathbf{R}^n$中任意两种不同的范数，则$\|\cdot\|_p$和$\|\cdot\|_q$是等价的.

定义 3.3（向量序列的依坐标收敛） 设$\{\boldsymbol{x}^{(k)}\}_{k=1}^{\infty}$是$\mathbf{R}^n$中的一向量序列.

$$\boldsymbol{x}^{(k)}=[x_1^{(k)},\ x_2^{(k)},\ \cdots,\ x_n^{(k)}]^{\mathrm{T}},$$
$$\boldsymbol{x}^{*}=[x_1^{*},\ x_2^{*},\ \cdots,\ x_n^{*}]^{\mathrm{T}},$$

若

$$\lim_{k\to\infty}x_i^{(k)}=x_i^{*}\ (i=1,\ 2,\ \cdots,\ n),$$

则称$\boldsymbol{x}^{(k)}$依坐标收敛于$\boldsymbol{x}^{*}$，记为

$$\lim_{k\to\infty}\boldsymbol{x}^{(k)}=\boldsymbol{x}^{*}\text{ 或 }\boldsymbol{x}^{(k)}\to\boldsymbol{x}^{*}\ (k\to\infty).$$

定义 3.4（向量序列的依范数收敛）　设$\{\boldsymbol{x}^{(k)}\}_{k=1}^{\infty}$是 $\mathbf{R}^n$ 中的一向量序列.

$$\boldsymbol{x}^{(k)}=[x_1^{(k)},\ x_2^{(k)},\ \cdots,\ x_n^{(k)}]^{\mathrm{T}},$$
$$\boldsymbol{x}^{*}=[x_1^{*},\ x_2^{*},\ \cdots,\ x_n^{*}]^{\mathrm{T}},$$

若

$$\lim_{k\to\infty}\|\boldsymbol{x}^{(k)}-\boldsymbol{x}^{*}\|=0,$$

则称$\boldsymbol{x}^{(k)}$依范数收敛于$\boldsymbol{x}^{*}$.

定理 3.3　设$\{\boldsymbol{x}^{(k)}\}_{k=1}^{\infty}$是 $\mathbf{R}^n$ 中的一向量序列，且$\boldsymbol{x}^{*}\in\mathbf{R}^n$，其中

$$\boldsymbol{x}^{(k)}=[x_1^{(k)},\ x_2^{(k)},\ \cdots,\ x_n^{(k)}]^{\mathrm{T}},$$
$$\boldsymbol{x}^{*}=[x_1^{*},\ x_2^{*},\ \cdots,\ x_n^{*}]^{\mathrm{T}},$$

则：

$$\lim_{k\to\infty}\boldsymbol{x}^{(k)}=\boldsymbol{x}^{*}\Leftrightarrow\lim_{k\to\infty}\|\boldsymbol{x}^{(k)}-\boldsymbol{x}^{*}\|=0.$$

证明：
$$\begin{aligned}\lim_{k\to\infty}\boldsymbol{x}^{(k)}=\boldsymbol{x}^{*}&\Leftrightarrow\lim_{k\to\infty}x_i^{(k)}=x_i^{*}\ (i=1,\ 2,\ \cdots,\ n)\\&\Leftrightarrow\lim_{k\to\infty}|x_i^{(k)}-x_i^{*}|=0(i=1,\ 2,\ \cdots,\ n)\\&\Leftrightarrow\lim_{k\to\infty}\max_{1\leqslant i\leqslant n}|x_i^{(k)}-x_i^{*}|=0\\&\Leftrightarrow\lim_{k\to\infty}\|\boldsymbol{x}^{(k)}-\boldsymbol{x}^{*}\|_{\infty}=0.\end{aligned}$$

再由向量范数的等价性知对一切范数：

$$\lim_{k\to\infty}\boldsymbol{x}^{(k)}=\boldsymbol{x}^{*}\Leftrightarrow\lim_{k\to\infty}\|\boldsymbol{x}^{(k)}-\boldsymbol{x}^{*}\|=0.$$

定理得证.

§3.1.2　矩阵范数

定义 3.5　$\mathbf{R}^{n\times n}$表示 n 阶实矩阵所构成的集合，定义在 $\mathbf{R}^{n\times n}$上的实值函数$\|\cdot\|$称为 n 阶方阵的范数，如果$\forall\boldsymbol{A}$，$\boldsymbol{B}\in\mathbf{R}^{n\times n}$满足

（1）非负性$\|\boldsymbol{A}\|\geqslant0$，当且仅当 $\boldsymbol{A}=0$ 时，$\|\boldsymbol{A}\|=0$；

（2）齐次性 $\forall\lambda\in\mathbf{R}$，$\|\lambda\boldsymbol{A}\|=|\lambda|\cdot\|\boldsymbol{A}\|$；

（3）三角不等式$\|\boldsymbol{A}+\boldsymbol{B}\|\leqslant\|\boldsymbol{A}\|+\|\boldsymbol{B}\|$；

（4）相容性$\|\boldsymbol{A}\cdot\boldsymbol{B}\|\leqslant\|\boldsymbol{A}\|\cdot\|\boldsymbol{B}\|$.

定义 3.6　设$\forall\boldsymbol{A}\in\mathbf{R}^{n\times n}$，$\|\boldsymbol{x}\|$是 $\mathbf{R}^n$ 中的向量范数，称

$$\|\boldsymbol{A}\|_p=\sup_{x\in\mathbf{R}^n,x\neq0}\frac{\|\boldsymbol{Ax}\|_p}{\|\boldsymbol{x}\|_p}$$

为矩阵 $\boldsymbol{A}$ 的算子范数.

容易验证矩阵 $\boldsymbol{A}$ 的算子范数除满足矩阵范数的定义 3.6 之外，还满足

$$\|\boldsymbol{Ax}\|_p \leqslant \|\boldsymbol{A}\|_p \|\boldsymbol{x}\|_p.$$

$\boldsymbol{A}$ 的算子范数是通过向量范数定义的，因此借助于三种常用的向量范数，我们有如下三种常用的算子范数.

$$\|\boldsymbol{A}\|_1 = \sup_{x\in\mathbf{R}^n, x\neq 0} \frac{\|\boldsymbol{Ax}\|_1}{\|\boldsymbol{x}\|_1} = \max_{1\leqslant j\leqslant n} \sum_{i=1}^{n} |a_{ij}|,$$

$$\|\boldsymbol{A}\|_2 = \sup_{x\in\mathbf{R}^n, x\neq 0} \frac{\|\boldsymbol{Ax}\|_2}{\|\boldsymbol{x}\|_2} = \sqrt{\lambda_1}，\lambda_1 \text{ 是} \boldsymbol{A}^{\mathrm{T}} \cdot \boldsymbol{A} \text{ 的最大特征值},$$

$$\|\boldsymbol{A}\|_\infty = \sup_{x\in\mathbf{R}^n, x\neq 0} \frac{\|\boldsymbol{Ax}\|_\infty}{\|\boldsymbol{x}\|_\infty} = \max_{1\leqslant i\leqslant n} \sum_{j=1}^{n} |a_{ij}|.$$

定义 3.7（矩阵序列的依坐标收敛） 设$\boldsymbol{A}^{(k)}=(a_{ij}^{(k)})_{n\times n}$是 $\mathbf{R}^{n\times n}$ 中的矩阵序列，若 $\lim\limits_{k\to\infty} a_{ij}^{(k)}=a_{ij}(i, j=1, 2, \cdots, n)$，则称$\boldsymbol{A}^{(k)}=(a_{ij}^{(k)})_{n\times n}$依坐标收敛于$\boldsymbol{A}=(a_{ij})_{n\times n}$. 记为$\lim\limits_{k\to\infty}\boldsymbol{A}^{(k)}=\boldsymbol{A}$ 或$\boldsymbol{A}^{(k)}\to\boldsymbol{A}(k\to\infty)$.

定义 3.8（矩阵序列的依范数收敛） 设$\boldsymbol{A}^{(k)}=(a_{ij}^{(k)})_{n\times n}$是 $\mathbf{R}^{n\times n}$ 中的矩阵序列，$\boldsymbol{A}=(a_{ij})_{n\times n}$是一 n 阶常数矩阵，若$\lim\limits_{k\to\infty}\|\boldsymbol{A}^{(k)}-\boldsymbol{A}\|=0$，则称$\boldsymbol{A}^{(k)}$依范数收敛于 $\boldsymbol{A}$.

定理 3.4 设$\boldsymbol{A}^{(k)}=(a_{ij}^{(k)})_{n\times n}$是 $R^{n\times n}$ 中的矩阵序列，$\boldsymbol{A}=(a_{ij})_{n\times n}$是一 n 阶常数矩阵，则：

$$\lim_{k\to\infty}\boldsymbol{A}^{(k)}=\boldsymbol{A}\Leftrightarrow\lim_{k\to\infty}\|\boldsymbol{A}^{(k)}-\boldsymbol{A}\|=0.$$

证明略.

定义 3.9 设 $\boldsymbol{A}\in\mathbf{R}^{n\times n}$，$\lambda_1$，$\lambda_2$，…，$\lambda_n$ 是 $\boldsymbol{A}$ 的特征值，则称 $\rho(\boldsymbol{A})=\max\limits_{1\leqslant i\leqslant n}|\lambda_i|$ 为 $\boldsymbol{A}$ 的谱半径.

容易验证，对 $\boldsymbol{A}$ 的任意一种算子范数$\|\boldsymbol{A}\|$有：

$$\rho(\boldsymbol{A})\leqslant\|\boldsymbol{A}\|.$$

定理 3.5 设 $\boldsymbol{A}\in\mathbf{R}^{n\times n}$，则 $\rho(\boldsymbol{A})<1\Leftrightarrow\lim\limits_{k\to\infty}\boldsymbol{A}^k=0$.

证明：见参考文献 [1].

定理 3.6 设 $\boldsymbol{A}\in\mathbf{R}^{n\times n}$，若$\|\boldsymbol{A}\|<1$，则 $\boldsymbol{I}\pm\boldsymbol{A}$ 非奇异，且

$$\|(\boldsymbol{I}\pm\boldsymbol{A})^{-1}\|\leqslant\frac{1}{1-\|\boldsymbol{A}\|}.$$

证明：见参考文献 [3].

§3.2 迭代法

§3.2.1 Jacobi 迭代法

例 3.2.1 解方程组

$$\begin{cases} 10x_1 - x_2 - 2x_3 = 7.2 \\ -x_1 + 10x_2 - 2x_3 = 8.3. \\ -x_1 - x_2 + 5x_3 = 4.2 \end{cases}$$

解：将方程组作等价变换

$$\begin{cases} 10x_1 = x_2 + 2x_3 + 7.2 \\ 10x_2 = x_1 + 2x_3 + 8.3, \\ 5x_3 = x_1 + x_2 + 4.2 \end{cases}$$

即

$$\begin{cases} x_1 = 0.1x_2 + 0.2x_3 + 0.72 \\ x_2 = 0.1x_1 + 0.2x_3 + 0.83. \\ x_3 = 0.2x_1 + 0.2x_2 + 0.84 \end{cases}$$

诱导出迭代式

$$\begin{cases} x_1^{(k+1)} = 0.1x_2^{(k)} + 0.2x_3^{(k)} + 0.72 \\ x_2^{(k+1)} = 0.1x_1^{(k)} + 0.3x_3^{(k)} + 0.83, \\ x_3^{(k+1)} = 0.2x_1^{(k)} + 0.2x_2^{(k)} + 0.84 \end{cases} \tag{3.4}$$

取初始向量 $\boldsymbol{x}^{(0)} = [0, 0, 0]^{\mathrm{T}}$ 进行迭代，结果列于下表.

k	$x_1^{(k)}$	$x_2^{(k)}$	$x_3^{(k)}$
0	0.00000	0.00000	0.00000
1	0.72000	0.83000	0.84000
2	0.97100	1.07000	1.15000
3	0.05700	1.157100	1.24820
4	1.08535	1.18534	1.28282
5	1.09510	1.19510	1.29414
6	1.09834	1.19834	1.29504
7	1.09944	1.19981	1.29934
8	1.09981	1.19941	1.29978
9	1.09994	1.19994	1.29992

随着迭代次数的增加，迭代结果与准确值[1.1，1.2，1.3]的误差越来越小，我们称此种迭代法为 Jacobi 迭代法，式(3.4)为方程组的 Jacobi 迭代式.

一般地对于 n 阶方程组 $\boldsymbol{A}_{n\times n}\boldsymbol{x} = \boldsymbol{b}$，$\boldsymbol{A}$ 非奇异且 $a_{ii} \neq 0 (i = 1, 2, \cdots, n)$

$$\begin{cases} a_{11}x_1 + a_{12}x_2 + \cdots + a_{1n}x_n = b_1 \\ a_{21}x_1 + a_{22}x_2 + \cdots + a_{2n}x_n = b_2 \\ \qquad\cdots \\ a_{n1}x_1 + a_{n2}x_2 + \cdots + a_{nn}x_n = b_n \end{cases}. \tag{3.5}$$

可化为等价方程组

$$\begin{cases} x_1 = \dfrac{1}{a_{11}}(-a_{12}x_2 - a_{12}x_3 - \cdots - a_{1n}x_n + b_1) \\ x_2 = \dfrac{1}{a_{22}}(-a_{21}x_1 - a_{23}x_3 - \cdots - a_{2n}x_n + b_2) \\ \cdots \\ x_n = \dfrac{1}{a_{nn}}(-a_{n1}x_1 - a_{n2}x_2 - \cdots - a_{n(n-1)}x_{n-1} + b_n) \end{cases} . \tag{3.6}$$

由式（3.6）诱导出迭代式

$$\begin{cases} x_1^{(k+1)} = \dfrac{1}{a_{11}}(-a_{12}x_2^{(k)} - a_{13}x_3^{(k)} - \cdots - a_{1n}x_n^{(k)} + b_1) \\ x_2^{(k+1)} = \dfrac{1}{a_{22}}(-a_{21}x_1^{(k)} - a_{23}x_3^{(k)} - \cdots - a_{2n}x_n^{(k)} + b_2) \\ \cdots \\ x_n^{(k+1)} = \dfrac{1}{a_{nn}}(-a_{n1}x_1^{(k)} - a_{n2}x_2^{(k)} - \cdots - a_{n(n-1)}x_{n-1}^{(k)} + b_n) \end{cases} . \tag{3.7}$$

把式(3.7)叫做(3.6)的 Jacobi 迭代式.

§3.2.2　Gauss－Seidel 迭代法

Gauss－Seidel 迭代法是对 Jacobi 迭代法的一种修正，注意迭代式(3.4)中，在计算 $x_2^{(k+1)}$ 的时候 $x_1^{(k+1)}$ 已经算出，在计算 $x_3^{(k+1)}$ 的时候 $x_1^{(k+1)}$，$x_2^{(k+1)}$ 亦算出. 显然，如果 Jacobi 迭代收敛的话，$x_1^{(k+1)}$，$x_2^{(k+1)}$ 应该比 $x_1^{(k)}$，$x_2^{(k)}$ 更接近准确值. Gauss－Seidel 迭代法的基本思路就是在每一步迭代中，尽量使用各个分量的最新值，于是(3.4)改变为

$$\begin{cases} x_1^{(k+1)} = 0.1x_2^{(k)} + 0.2x_3^{(k)} + 0.72 \\ x_2^{(k+1)} = 0.1x_1^{(k+1)} + 0.3x_3^{(k)} + 0.83 \\ x_3^{(k+1)} = 0.2x_1^{(k+1)} + 0.2x_2^{(k+1)} + 0.84 \end{cases} . \tag{3.8}$$

这就是 Gauss－Seidel 迭代格式，对于式(3.6)，其 Gauss－Seidel 迭代格式为

$$\begin{cases} x_1^{(k+1)} = \dfrac{1}{a_{11}}(-a_{12}x_2^{(k)} - a_{13}x_3^{(k)} - \cdots - a_{1n}x_n^{(k)} + b_1) \\ x_2^{(k+1)} = \dfrac{1}{a_{22}}(-a_{21}x_1^{(k+1)} - a_{23}x_3^{(k)} - \cdots - a_{2n}x_n^{(k)} + b_2) \\ \cdots \\ x_n^{(k+1)} = \dfrac{1}{a_{nn}}(-a_{n1}x_1^{(k+1)} - a_{n2}x_2^{(k+1)} - \cdots - a_{n(n-1)}x_{n-1}^{(k+1)} + b_n) \end{cases} . \tag{3.9}$$

取 $\boldsymbol{x}^{(0)} = [0,\ 0,\ 0]$，利用式(3.8)进行迭代，结果列于下表.

k	$x_1^{(k)}$	$x_2^{(k)}$	$x_3^{(k)}$
0	0.00000	0.00000	0.00000
1	0.72000	0.90200	1.16440

续表

k	$x_1^{(k)}$	$x_2^{(k)}$	$x_3^{(k)}$
2	1. 04308	1. 16719	1. 28205
3	1. 09313	1. 19572	1. 29778
4	1. 09913	1. 19947	1. 29972

可见，Gauss－Seidel 迭代比 Jacobi 迭代收敛更快. 一般地，在 Jacobi 迭代和 Gauss－Seidel 迭代都收敛的情况下，后者收敛得更快. 但亦可举出 Jacobi 迭代收敛，而 Gauss－Seidel 迭代发散或者 Gauss－Seidel 迭代收敛而 Jacobi 迭代发散或者两者均发散的例子.

§3.2.3　迭代公式的矩阵表示

对于方程组 $\boldsymbol{Ax}=\boldsymbol{b}$，将 $\boldsymbol{A}$ 分解为

$$\boldsymbol{A}=\boldsymbol{L}+\boldsymbol{D}+\boldsymbol{U}.$$

其中

$$\boldsymbol{L}=\begin{bmatrix} 0 & 0 & 0 & \cdots & 0 \\ a_{21} & 0 & 0 & \cdots & 0 \\ a_{31} & a_{32} & 0 & \cdots & 0 \\ \vdots & \vdots & \vdots & & \vdots \\ a_{n1} & a_{n2} & a_{n3} & \cdots & 0 \end{bmatrix},$$

$$\boldsymbol{D}=\begin{bmatrix} a_{11} & & & & \\ & a_{22} & & & \\ & & a_{33} & & \\ & & & \ddots & \\ & & & & a_{nn} \end{bmatrix}(a_{ii}\neq 0,\ i=1,\ 2,\ \cdots,\ n),$$

$$\boldsymbol{U}=\begin{bmatrix} 0 & a_{12} & a_{13} & \cdots & a_{1n} \\ 0 & 0 & a_{23} & \cdots & a_{2n} \\ 0 & 0 & 0 & \cdots & a_{3n} \\ \vdots & \vdots & \vdots & & \vdots \\ 0 & 0 & 0 & \cdots & 0 \end{bmatrix}.$$

于是式(3.5)可写为

$$\begin{cases} (\boldsymbol{L}+\boldsymbol{D}+\boldsymbol{U})\boldsymbol{x}=\boldsymbol{b}, \\ \boldsymbol{Dx}=-(\boldsymbol{L}+\boldsymbol{U})\boldsymbol{x}+\boldsymbol{b}, \\ \boldsymbol{x}=-\boldsymbol{D}^{-1}(\boldsymbol{L}+\boldsymbol{U})\boldsymbol{x}+\boldsymbol{D}^{-1}\boldsymbol{b} \end{cases}.$$

记 $\boldsymbol{x}^{(k)}=[\boldsymbol{x}_1^{(k)},\ \boldsymbol{x}_2^{(k)},\ \cdots,\ \boldsymbol{x}_n^{(k)}]^{\mathrm{T}}$，则 Jacobi 迭代式为

$$\boldsymbol{x}^{(k+1)}=-\boldsymbol{D}^{-1}(\boldsymbol{L}+\boldsymbol{U})\boldsymbol{x}^{(k)}+\boldsymbol{D}^{-1}\boldsymbol{b}. \tag{3.10}$$

Gauss－Seidel 迭代式为

$$\boldsymbol{x}^{(k+1)} = -\boldsymbol{D}^{-1}\boldsymbol{L}\,\boldsymbol{x}^{(k+1)} - \boldsymbol{D}^{-1}\boldsymbol{U}\,\boldsymbol{x}^{(k)} + \boldsymbol{D}^{-1}\boldsymbol{b}. \tag{3.11}$$

整理

$$(\boldsymbol{I}+\boldsymbol{D}^{-1}\boldsymbol{L})\boldsymbol{x}^{(k+1)} = -\boldsymbol{D}^{-1}\boldsymbol{U}\boldsymbol{x}^{(k)} + \boldsymbol{D}^{-1}\boldsymbol{b},$$

$$\boldsymbol{x}^{(k+1)} = -(\boldsymbol{I}+\boldsymbol{D}^{-1}\boldsymbol{L})^{-1}\boldsymbol{D}^{-1}\boldsymbol{U}\boldsymbol{x}^{(k)} + (\boldsymbol{I}+\boldsymbol{D}^{-1}\boldsymbol{L})^{-1}\boldsymbol{D}^{-1}\boldsymbol{b},$$

$$\boldsymbol{x}^{k+1} = -(\boldsymbol{D}+\boldsymbol{L})^{-1}\boldsymbol{U}\boldsymbol{x}^{(k)} + (\boldsymbol{D}+\boldsymbol{L})^{-1}\boldsymbol{b}. \tag{3.12}$$

一般地，对于 $\boldsymbol{Ax}=\boldsymbol{b}$，通常将其变形为等价的同解方程组 $\boldsymbol{x}=\boldsymbol{Bx}+\boldsymbol{g}$，从而诱导出迭代式

$$\boldsymbol{x}^{(k+1)} = \boldsymbol{Bx}^{(k)} + \boldsymbol{g}\,(k=0,\ 1,\ 2,\ \cdots), \tag{3.13}$$

称 $\boldsymbol{B}$ 为迭代矩阵，$\boldsymbol{x}^{(0)}$ 为迭代初始向量，$\boldsymbol{x}^{(k)}$ 为第 k 次迭代值，于是式(3.5)的 Jacobi 迭代矩阵和 Gauss－Seidel 迭代矩阵分别为

$$\boldsymbol{B}_J = -\boldsymbol{D}^{-1}(\boldsymbol{L}+\boldsymbol{U}), \tag{3.14}$$

$$\boldsymbol{B}_{G-S} = -(\boldsymbol{D}+\boldsymbol{L})^{-1}\boldsymbol{U}. \tag{3.15}$$

§3.3 迭代法的收敛性

迭代法的收敛性是指对任意的初始向量 $\boldsymbol{x}^{(0)}$，由式(3.13)所得的向量序列是否收敛于方程组 $\boldsymbol{x}=\boldsymbol{Bx}+\boldsymbol{g}$ 的解 $\boldsymbol{x}^*$. 那么怎样才能保证序列一定收敛呢？我们有如下基本定理.

定理 3.7（迭代法收敛的基本定理） 设方程组 $\boldsymbol{x}=\boldsymbol{Bx}+\boldsymbol{g}$，对任意初始向量 $\boldsymbol{x}^{(0)}$，解此方程组的迭代格式 $\boldsymbol{x}^{(k+1)}=\boldsymbol{Bx}^{(k)}+\boldsymbol{g}\,(k=0,\ 1,\ \cdots,\ n)$收敛的充要条件是 $\rho(\boldsymbol{B})<1$.

证明：必要性：

设 $\boldsymbol{x}^*$ 是 $\boldsymbol{x}=\boldsymbol{Bx}+\boldsymbol{g}$ 的解，则

$$\boldsymbol{x}^* = \boldsymbol{Bx}^* + \boldsymbol{g}.$$

$$\therefore \boldsymbol{x}^{(k)} - \boldsymbol{x}^* = \boldsymbol{B}(\boldsymbol{x}^{(k-1)} - \boldsymbol{x}^*) = \boldsymbol{B}^2(\boldsymbol{x}^{(k-2)} - \boldsymbol{x}^*) = \cdots = \boldsymbol{B}^k(\boldsymbol{x}^{(0)} - \boldsymbol{x}^*).$$

由

$$\boldsymbol{x}^{(k)} \to \boldsymbol{x}^*,$$

有

$$\boldsymbol{B}^k(\boldsymbol{x}^{(0)} - \boldsymbol{x}^*) \to 0,$$

由 $\boldsymbol{x}^{(0)}$ 的任意性知

$$\boldsymbol{B}^k \to 0,$$

从而由定理(3.5)知 $\rho(\boldsymbol{B})<1$.

充分性：

$\rho(\boldsymbol{B})<1$，由定理 3.5 有

$$\lim_{k\to\infty}\boldsymbol{B}^k = 0,$$

故

$$\lim_{k\to\infty}\boldsymbol{B}^k(\boldsymbol{x}^{(0)}-\boldsymbol{x}^*)=0,$$

从而

$$\lim_{k\to\infty}(\boldsymbol{x}^{(k)}-\boldsymbol{x}^*)=0,$$

即

$$\lim_{k\to\infty}\boldsymbol{x}^{(k)}=\boldsymbol{x}^*.$$

注意：$\rho(\boldsymbol{B})\geqslant 1$ 时，对于某些特定的初始向量，不排除通过迭代式 $\boldsymbol{x}^{(k+1)}=\boldsymbol{B}\boldsymbol{x}^{(k)}+\boldsymbol{g}(k=0,1,\cdots,n)$所获得的序列可能仍然是收敛的，例如初始向量恰好就选到了 $\boldsymbol{x}^*$. 此外，由证明过程可知，$\rho(\boldsymbol{B})<1$ 时，$\rho(\boldsymbol{B})$越小，迭代式收敛越快.

定理 3.8（迭代法收敛的充分条件）　设 $\boldsymbol{x}=\boldsymbol{B}\boldsymbol{x}+\boldsymbol{g}$，若 $\boldsymbol{B}$ 的某一算子范数$\|\boldsymbol{B}\|<1$，那么对任意初始向量 $\boldsymbol{x}^{(0)}$及常向量 $\boldsymbol{g}$，解此方程组的迭代式 $\boldsymbol{x}^{(k+1)}=\boldsymbol{B}\boldsymbol{x}^{(k)}+\boldsymbol{g}$ 有如下结论：

（1）迭代格式收敛，即$\lim\limits_{k\to\infty}\boldsymbol{x}^{(k)}=\boldsymbol{x}^*$.

（2）$\|\boldsymbol{x}^{(k)}-\boldsymbol{x}^*\|\leqslant\dfrac{\|\boldsymbol{B}\|}{1-\|\boldsymbol{B}\|}\|\boldsymbol{x}^{(k)}-\boldsymbol{x}^{(k-1)}\|$.

（3）$\|\boldsymbol{x}^{(k)}-\boldsymbol{x}^*\|\leqslant\dfrac{\|\boldsymbol{B}\|^k}{1-\|\boldsymbol{B}\|}\|\boldsymbol{x}^{(1)}-\boldsymbol{x}^{(0)}\|$.

证明：（1）设 λ 是 $\boldsymbol{B}$ 的任一特征值，$\boldsymbol{x}$ 为相应特征向量，则

$$\boldsymbol{B}\boldsymbol{x}=\lambda\boldsymbol{x} \text{ 且 } \boldsymbol{x}\neq 0.$$

$$|\lambda|\cdot\|\boldsymbol{x}\|=\|\lambda\boldsymbol{x}\|=\|\boldsymbol{B}\boldsymbol{x}\|\leqslant\|\boldsymbol{B}\|\cdot\|\boldsymbol{x}\|,$$

$\therefore |\lambda|\leqslant\|\boldsymbol{B}\|$.

从而

$$\rho(\boldsymbol{B})\leqslant\|\boldsymbol{B}\|<1.$$

$\therefore$对任意 $\boldsymbol{x}^{(0)}$有$\lim\limits_{k\to\infty}\boldsymbol{x}^{(k)}=\boldsymbol{x}^*$，对迭代式两端取极限有 $\boldsymbol{x}^*=\boldsymbol{B}\boldsymbol{x}^*+\boldsymbol{g}$.

（2）$\|\boldsymbol{x}^{(k+1)}-\boldsymbol{x}^*\|=\|\boldsymbol{B}\boldsymbol{x}^{(k)}+\boldsymbol{g}-(\boldsymbol{B}\boldsymbol{x}^*+\boldsymbol{g})\|=\|\boldsymbol{B}(\boldsymbol{x}^{(k)}-\boldsymbol{x}^*)\|$，

$\|\boldsymbol{x}^{(k+1)}-\boldsymbol{x}^{(k)}\|=\|\boldsymbol{B}\boldsymbol{x}^{(k)}+\boldsymbol{g}-(\boldsymbol{B}\boldsymbol{x}^{(k-1)}+\boldsymbol{g})\|=\|\boldsymbol{B}(\boldsymbol{x}^{(k)}-\boldsymbol{x}^{(k-1)})\|$，

$$\begin{aligned}\therefore\|\boldsymbol{x}^{(k)}-\boldsymbol{x}^*\|&=\|\boldsymbol{x}^{(k)}-\boldsymbol{x}^{(k+1)}+x^{(k+1)}-\boldsymbol{x}^*\|\\&\leqslant\|\boldsymbol{x}^{(k)}-\boldsymbol{x}^{(k+1)}\|+\|\boldsymbol{x}^{(k+1)}-\boldsymbol{x}^*\|\\&=\|\boldsymbol{B}(\boldsymbol{x}^{(k)}-\boldsymbol{x}^{(k-1)})\|+\|\boldsymbol{B}(\boldsymbol{x}^{(k)}-\boldsymbol{x}^*)\|\\&\leqslant\|\boldsymbol{B}\|\cdot\|\boldsymbol{x}^{(k)}-\boldsymbol{x}^{(k-1)}\|+\|\boldsymbol{B}\|\cdot\|\boldsymbol{x}^{(k)}-\boldsymbol{x}^*\|.\end{aligned}$$

$\therefore\|\boldsymbol{x}^{(k)}-\boldsymbol{x}^*\|\leqslant\dfrac{\|\boldsymbol{B}\|}{1-\|\boldsymbol{B}\|}\|\boldsymbol{x}^{(k)}-\boldsymbol{x}^{(k-1)}\|$.

$$\begin{aligned}（3）\|\boldsymbol{x}^{(k)}-\boldsymbol{x}^{(k-1)}\|&=\|\boldsymbol{B}(\boldsymbol{x}^{(k-1)}-\boldsymbol{x}^{(k-2)})\|\leqslant\|\boldsymbol{B}\|\cdot\|\boldsymbol{x}^{(k-1)}-\boldsymbol{x}^{(k-2)}\|\\&\leqslant\|\boldsymbol{B}\|^2\cdot\|\boldsymbol{x}^{(k-1)}-\boldsymbol{x}^{(k-3)}\|\leqslant\cdots\\&\leqslant\|\boldsymbol{B}\|^{k-1}\cdot\|\boldsymbol{x}^{(1)}-\boldsymbol{x}^{(0)}\|.\end{aligned}$$

由(2)得

$$\|\boldsymbol{x}^{(k)}-\boldsymbol{x}^*\|\leqslant\frac{\|\boldsymbol{B}\|}{1-\|\boldsymbol{B}\|}\cdot\|\boldsymbol{x}^{(k)}-\boldsymbol{x}^{(k-1)}\|\leqslant\frac{\|\boldsymbol{B}\|^k}{1-\|\boldsymbol{B}\|}\cdot\|\boldsymbol{x}^{(1)}-\boldsymbol{x}^{(0)}\|.$$

注意：由结论（3）可知，$\|\boldsymbol{B}\|$越小，迭代式收敛越快.

定义 3.10 设 $\boldsymbol{A}=(a_{ij})_{n\times n}\in\mathbf{R}^{n\times n}$，如满足

$$|a_{ii}|>\sum_{\substack{j=1\\j\neq i}}^{n}|a_{ij}|\quad(i=1,2,\cdots,n),$$

即 $\boldsymbol{A}$ 的每行对角元素绝对值严格大于同行其他元素绝对值之和，则称 $\boldsymbol{A}$ 为严格对角占优矩阵.

定理 3.9 如果 $\boldsymbol{A}$ 为严格对角占优矩阵，则 $\boldsymbol{A}$ 为非奇异矩阵.

证明：用反证法. 设 $\boldsymbol{A}$ 为奇异阵，即 $\det(\boldsymbol{A})=0$，则齐次方程组 $\boldsymbol{Ax}=0$ 有非零解，记为 $\boldsymbol{x}=[x_1, x_2, \cdots, x_n]^{\mathrm{T}}\neq 0$.

又记 $|x_t|=\max\limits_{1\leqslant i\leqslant n}|x_i|\neq 0$，考查方程组的第 t 个方程

$$a_{t1}x_1+a_{t2}x_2+\cdots+a_{tn}x_n=0,$$

得

$$\begin{aligned}|a_{tt}x_t|&=\left|\sum_{\substack{j=1\\j\neq t}}^{n}a_{tj}x_j\right|\leqslant\sum_{\substack{j=1\\j\neq t}}^{n}|a_{tj}|\cdot|x_j|\\&\leqslant\sum_{\substack{j=1\\j\neq t}}^{n}|a_{tj}|\cdot|x_t|.\end{aligned}$$

$$\therefore\ |a_{tt}|\leqslant\sum_{\substack{j=1\\j\neq t}}^{n}|a_{tj}|.$$

这与 $\boldsymbol{A}$ 是严格对角占优矩阵矛盾. 故 $\det(\boldsymbol{A})\neq 0$，$\boldsymbol{A}$ 是非奇异矩阵.

定理 3.10 设有线性方程组 $\boldsymbol{Ax}=\boldsymbol{b}$，$\boldsymbol{A}\in\mathbf{R}^{n\times n}$，$\boldsymbol{b}\in\mathbf{R}^{n\times 1}$，如果 $\boldsymbol{A}$ 为严格对角占优矩阵，则解此方程组的 Jacobi 迭代法和 Gauss-Seidel 迭代法都收敛.

证明：$\boldsymbol{A}$ 严格对角占优，故 $\boldsymbol{A}$ 非奇异，由 Cramer 法则知 $\boldsymbol{Ax}=\boldsymbol{b}$ 有唯一解.

将 $\boldsymbol{A}$ 分解为 $\boldsymbol{A}=\boldsymbol{L}+\boldsymbol{D}+\boldsymbol{U}$，

(1) 由式(3.14)知 Jacobi 迭代矩阵

$$\begin{aligned}\boldsymbol{B}_J&=-\boldsymbol{D}^{-1}(\boldsymbol{L}+\boldsymbol{U})\\&=-\begin{bmatrix}0&\dfrac{a_{12}}{a_{11}}&\dfrac{a_{13}}{a_{11}}&\cdots&\dfrac{a_{1n}}{a_{11}}\\\dfrac{a_{12}}{a_{22}}&0&\dfrac{a_{23}}{a_{22}}&\cdots&\dfrac{a_{2n}}{a_{22}}\\\vdots&\vdots&\vdots&&\vdots\\\dfrac{a_{n1}}{a_{nn}}&\dfrac{a_{n2}}{a_{nn}}&\dfrac{a_{n3}}{a_{nn}}&\cdots&0\end{bmatrix},\end{aligned}$$

$$\|\boldsymbol{B}_J\|=\max_{1\leqslant i\leqslant n}\sum_{\substack{j=1\\j\neq i}}^{n}\frac{|a_{ij}|}{|a_{ii}|}=\max_{1\leqslant i\leqslant n}\left(\frac{1}{|a_{ii}|}\cdot\sum_{\substack{j=1\\j\neq i}}^{n}|a_{ij}|\right)<1.$$

由定理 3.8 知，Jacobi 迭代收敛.

(2) 证明 Gauss-Seidel 迭代的收敛性，见参考文献 [1].

例 3.3.1 讨论下列迭代法的收敛性

(1)$\boldsymbol{Ax}=\boldsymbol{b}$ 的 Jacobi 迭代式，其中

$$A=\begin{bmatrix}1 & \frac{1}{2} & \frac{1}{3} & 0\\ \frac{1}{2} & 3 & 1 & 0\\ 4 & 2 & 8 & 1\\ 0 & 3 & 2 & 6\end{bmatrix},\ b=[1,\ 1,\ 1,\ 1]^{T}.$$

（2）$Ax=b$ 的 Gauss−Seidel 迭代式，其中

$$A=\begin{bmatrix}2 & 1 & 1\\ 1 & 3 & 1\\ 1 & 2 & 5\end{bmatrix},\ b=[1,\ 1,\ 1]^{T}.$$

（3）$x^{(k+1)}=Bx^{(k)}+g$，其中

$$B=\begin{bmatrix}0.2 & 0.4 & 0.3\\ 0.01 & 0.5 & 0.4\\ 0.2 & 0.3 & 0.3\end{bmatrix},\ g=[1,\ 1,\ 1]^{T}.$$

解：（1）显然，A 是一个严格对角占优矩阵，故 $Ax=b$ 的 Jacobi 迭代式是收敛的.

（2）$Ax=b$ 的 Gauss−Seidel 迭代矩阵

$$B_{G-S}=-(D+L)^{-1}\cdot U=\begin{bmatrix}0 & -\frac{1}{2} & -\frac{1}{2}\\ 0 & \frac{1}{6} & -\frac{1}{6}\\ 0 & \frac{1}{30} & \frac{1}{6}\end{bmatrix}.$$

其特征多项式

$$|\lambda E-B_{G-S}|=\frac{1}{30}\lambda(30\lambda^{2}-10\lambda+1),$$

得

$$\lambda_1=0,\ \lambda_2=\frac{10+\sqrt{-20}}{60},\ \lambda_3=\frac{10-\sqrt{-20}}{60},$$

$\therefore |\lambda_i|<1$，$i=1,\ 2,\ 3$，

$\therefore \rho(B_{G-S})<1$.

故 Gauss−Seidel 迭代收敛.

（3）$\|B\|_\infty=0.91<1$，故该迭代式收敛.

例 3.3.2　$A=\begin{bmatrix}a & 1 & 3\\ 1 & a & 2\\ -3 & 2 & a\end{bmatrix}$（$a\in\mathbf{R}$），若方程组 $Ax=b$ 的 Jacobi 迭代收敛，求 a 的取值范围.

解：$Ax=b$ 的 Jacobi 迭代矩阵

$$B=-D^{-1}(L+U)=\frac{1}{a}\begin{bmatrix}0 & -1 & -3\\ -1 & 0 & -2\\ 3 & -2 & 0\end{bmatrix}$$

$$|\lambda \boldsymbol{E}-\boldsymbol{B}|=\begin{vmatrix} \lambda & \frac{1}{a} & \frac{3}{a} \\ \frac{1}{a} & \lambda & \frac{2}{a} \\ -\frac{3}{a} & \frac{2}{a} & \lambda \end{vmatrix}=\lambda\begin{vmatrix} \lambda & \frac{2}{a} \\ \frac{2}{a} & \lambda \end{vmatrix}-\frac{1}{a}\begin{vmatrix} \frac{1}{a} & \frac{2}{a} \\ -\frac{3}{a} & \lambda \end{vmatrix}+\frac{3}{a}\begin{vmatrix} \frac{1}{a} & \lambda \\ -\frac{3}{a} & \frac{2}{a} \end{vmatrix}$$

$$=\lambda\left(\lambda^2-\frac{4}{a^2}\right)-\frac{1}{a}\left(\frac{1}{a}\cdot\lambda+\frac{6}{a^2}\right)+\frac{3}{a}\left(\frac{2}{a^2}+\frac{3}{a}\lambda\right)$$

$$=\lambda\left(\lambda^2-\frac{4}{a^2}\right)+\frac{8}{a^2}\lambda=\lambda\left(\lambda^2+\frac{4}{a^2}\right).$$

$\therefore \lambda_1=0$，$\lambda_2=\frac{2}{a}i$，$\lambda_3=-\frac{2}{a}i$.

则 $\boldsymbol{Ax}=\boldsymbol{b}$ 的 Jacobi 迭代收敛等价于迭代矩阵的谱半径小于 1. 而

$$\rho(\boldsymbol{B})<1\Leftrightarrow\begin{cases} |\lambda_1|<1 \\ |\lambda_2|<1 \Leftrightarrow \left|\pm\frac{2}{a}i\right|<1, \\ |\lambda_3|<1 \end{cases}$$

$\therefore |a|>2$.

例 3.3.3 对于方程组 $\boldsymbol{Ax}=\boldsymbol{b}$，采用迭代式 $\boldsymbol{x}^{(k+1)}=\boldsymbol{x}^{(k)}-a(\boldsymbol{Ax}^{(k)}-\boldsymbol{b})$ 进行求解，求迭代格式收敛的 a 的范围以及 a 取何值时迭代收敛最快，其中 $\boldsymbol{A}=\begin{bmatrix} 2 & 1 \\ 0 & 1 \end{bmatrix}$.

解：易求 $\boldsymbol{A}$ 的特征值为 2，1. 从而迭代矩阵 $\boldsymbol{B}=\boldsymbol{E}-a\boldsymbol{A}$ 的特征值为 $1-2a$，$1-a$. 因此迭代式收敛的充要条件是

$$\rho(\boldsymbol{B})=\max\{|1-2a|,\ |1-a|\}<1,$$

即

$$0<a<1.$$

要使迭代收敛最快，需谱半径达到极小，故只需计算

$$\rho_0(\boldsymbol{B})=\min(\rho(\boldsymbol{B}))=\min\{\max\{|1-2a|,\ |1-a|\}\}$$

所对应的 $a=\frac{2}{3}$.

§ 3.4 Gauss 消去法

消去法是求解线性方程组的一个古老的直接法，早在《九章算术》中就有记载，后来高斯亦提出了该方法，其主要计算过程分为消元和回代两个过程.

设有线性方程组

$$\boldsymbol{Ax}=\boldsymbol{b},\ \boldsymbol{A}\in\mathbf{R}^{n\times n},\ \boldsymbol{b}\in\mathbf{R}^{n\times 1},\ |\boldsymbol{A}|\neq 0. \tag{3.16}$$

$\widetilde{\boldsymbol{A}}=(\boldsymbol{A}\ \vdots\ \boldsymbol{b})$ 为式(3.16)对应的增广矩阵，设对 $\widetilde{\boldsymbol{A}}$ 作初等行变换得矩阵 $\widetilde{\boldsymbol{B}}=(\boldsymbol{B}\ \vdots\ \boldsymbol{g})$

$$\widetilde{\boldsymbol{A}} \xrightarrow{\text{初等行变换}} \widetilde{\boldsymbol{B}},$$

则由线性代数的知识知道方程组

$$\boldsymbol{B}\boldsymbol{x}=\boldsymbol{g} \tag{3.17}$$

与式(3.16)是同解的.

高斯消元法的基本思路就是将 $\widetilde{\boldsymbol{A}}$ 作初等行变换得 $\widetilde{\boldsymbol{B}}=(\boldsymbol{B} \vdots \boldsymbol{g})$. 使得 $\boldsymbol{B}$ 是上三角矩阵，因此对于式(3.17)只需从第 n 个方程开始从下往上依次回代求出 x_n，x_{n-1}，…，x_1.

矩阵的初等行变换包括如下三种变换：①将矩阵的某一行乘以一个非零常数；②交换矩阵某两行对应位置的元素；③将矩阵某一行的 k 倍加到另一行里面去.

令

$$\widetilde{\boldsymbol{A}}=\widetilde{\boldsymbol{A}}^{(1)}=(\boldsymbol{A}\boldsymbol{b})=\begin{bmatrix} a_{11} & a_{12} & a_{13} & \cdots & a_{1n} & b_1 \\ a_{21} & a_{22} & a_{23} & \cdots & a_{2n} & b_2 \\ a_{31} & a_{32} & a_{33} & \cdots & a_{3n} & b_3 \\ \vdots & \vdots & \vdots & & \vdots & \vdots \\ a_{n1} & a_{n2} & a_{n3} & \cdots & a_{n3} & b_n \end{bmatrix}$$

$$=\begin{bmatrix} a_{11}^{(1)} & a_{12}^{(1)} & a_{13}^{(1)} & \cdots & a_{1n}^{(1)} & b_1^{(1)} \\ a_{21}^{(1)} & a_{22}^{(1)} & a_{23}^{(1)} & \cdots & a_{2n}^{(1)} & b_2^{(1)} \\ a_{31}^{(1)} & a_{32}^{(1)} & a_{33}^{(1)} & \cdots & a_{3n}^{(1)} & b_3^{(1)} \\ \vdots & \vdots & \vdots & & \vdots & \vdots \\ a_{n1}^{(1)} & a_{n2}^{(1)} & a_{n3}^{(1)} & \cdots & a_{nn}^{(1)} & b_n^{(1)} \end{bmatrix}.$$

(1) 假设 $a_{11}^{(1)} \neq 0$，则分别将 $\widetilde{\boldsymbol{A}}^{(1)}$ 的第一行的 $m_{i1}=-a_{i1}^{(1)}/a_{11}^{(1)}$ 倍加到第 i 行($i=2$，3，…，n)，得到

$$\widetilde{\boldsymbol{A}}^{(2)}=\begin{bmatrix} a_{11}^{(1)} & a_{12}^{(1)} & a_{13}^{(1)} & \cdots & a_{1n}^{(1)} & b_1^{(1)} \\ 0 & a_{22}^{(2)} & a_{23}^{(2)} & \cdots & a_{2n}^{(2)} & b_2^{(2)} \\ 0 & a_{32}^{(2)} & a_{33}^{(2)} & \cdots & a_{3n}^{(2)} & b_3^{(2)} \\ \vdots & \vdots & \vdots & & \vdots & \vdots \\ 0 & a_{n2}^{(2)} & a_{n3}^{(2)} & \cdots & a_{nn}^{(2)} & b_n^{(2)} \end{bmatrix}.$$

(2) 假设 $a_{22}^{(2)} \neq 0$，则分别将 $\widetilde{\boldsymbol{A}}^{(2)}$ 的第 2 行的 $m_{i2}=-a_{i2}^{(2)}/a_{22}^{(2)}$ 倍加到第 i 行($i=3$，4，…，n)，得到

$$\widetilde{\boldsymbol{A}}^{(3)}=\begin{bmatrix} a_{11}^{(1)} & a_{12}^{(1)} & a_{13}^{(1)} & \cdots & a_{1n}^{(1)} & b_1^{(1)} \\ 0 & a_{22}^{(2)} & a_{23}^{(2)} & \cdots & a_{2n}^{(2)} & b_2^{(2)} \\ 0 & 0 & a_{33}^{(3)} & \cdots & a_{3n}^{(3)} & b_3^{(3)} \\ \vdots & \vdots & \vdots & & \vdots & \vdots \\ 0 & 0 & a_{n3}^{(3)} & \cdots & a_{nn}^{(3)} & b_n^{(3)} \end{bmatrix}.$$

(3) 重复上述步骤，经若干次初等行变换之后得

$$\widetilde{\boldsymbol{A}}^{(n)}=\begin{bmatrix} a_{11}^{(1)} & a_{12}^{(1)} & a_{13}^{(1)} & \cdots & a_{1n}^{(1)} & b_1^{(1)} \\ 0 & a_{22}^{(2)} & a_{23}^{(2)} & \cdots & a_{2n}^{(2)} & b_2^{(2)} \\ 0 & 0 & a_{33}^{(3)} & \cdots & a_{3n}^{(3)} & b_3^{(3)} \\ \vdots & \vdots & \vdots & & \vdots & \vdots \\ 0 & 0 & 0 & \cdots & a_{nn}^{(n)} & b_n^{(n)} \end{bmatrix}.$$

则

$$\widetilde{\boldsymbol{B}}=\widetilde{\boldsymbol{A}}^{(n)}=(\boldsymbol{B}\ \vdots\ \boldsymbol{g}),$$

$$\boldsymbol{B}=\begin{bmatrix} a_{11}^{(1)} & a_{12}^{(1)} & a_{13}^{(1)} & \cdots & a_{1n}^{(1)} \\ 0 & a_{22}^{(2)} & a_{23}^{(2)} & \cdots & a_{2n}^{(2)} \\ 0 & 0 & a_{33}^{(3)} & \cdots & a_{3n}^{(3)} \\ \vdots & \vdots & \vdots & & \vdots \\ 0 & 0 & 0 & \cdots & a_{nn}^{(n)} \end{bmatrix},$$

$$\boldsymbol{g}=[b_1^{(1)},\ b_2^{(2)},\ b_3^{(3)},\ \cdots,\ b_n^{(n)}]^{\mathrm{T}},$$

回代求解 $\boldsymbol{Bx}=\boldsymbol{g}$，具体公式为

$$\begin{cases} x_n=b_n^{(n)}/a_{nn}^{(n)} \\ x_i=(b_i^{(i)}-\sum\limits_{j=i+1}^{n}a_{ij}^{(i)}\cdot x_j/a_{ii}^{(i)}) \quad (i=n-1,\ n-2,\ \cdots,\ 1) \end{cases}. \tag{3.18}$$

§3.5　Gauss 列主元素消去法

我们把 Gauss 消去法中出现的 $a_{ii}^{(i)}(i=1,\ 2,\ \cdots,\ n)$称作主元素，由于计算过程中出现把主元素 $a_{ii}^{(i)}$ 作为除数除以 $a_{ki}^{(i)}(k=i+1,\ i+2,\ \cdots,\ n)$，因此，当 $a_{ii}^{(i)}=0$ 的时消元过程无法进行，当 $a_{ii}^{(i)}$绝对值很小的时候，$m_{ki}(k=i+1,\ i+2,\ \cdots,\ n)$绝对值很大，可导致舍入误差扩散，故提出了高斯列主元素消去法.

高斯列主元素消去法相比高斯消去法不同之处在于每一步消元之前增加一个选取主元素的步骤：

(1) ①从 $a_{i1}^{(1)}(i=1,\ 2,\ \cdots,\ n)$中选取绝对值最大的元素 $a_{k1}^{(1)}(1\leqslant k\leqslant n)$；

②将 $\widetilde{\boldsymbol{A}}^{(1)}$ 的第 k 行与第 1 行互换；

③将 $\widetilde{\boldsymbol{A}}^{(1)}$ 的第 1 行的 $m_{i1}=-a_{i1}^{(1)}/a_{11}^{(1)}$ 倍加到第 i 行($i=2,\ 3,\ \cdots,\ n$)，得 $\widetilde{\boldsymbol{A}}^{(2)}$.

(2) ①从 $a_{i2}^{(2)}(i=2,\ 3,\ \cdots,\ n)$中选取绝对值最大的元素 $a_{k2}^{(2)}(2\leqslant k\leqslant n)$；

②将 $\widetilde{\boldsymbol{A}}^{(2)}$ 的第 k 行与第 2 行互换；

③将 $\widetilde{\boldsymbol{A}}^{(2)}$ 的第 2 行的 $m_{i2}=-a_{i2}^{(2)}/a_{22}^{(2)}$ 倍加到第 i 行得 $\widetilde{A}^{(3)}(i=3,\ 4,\ \cdots,\ n)$.

(3) 重复上述步骤最后得到 $\widetilde{\boldsymbol{A}}^{(n)}$，然后回代求解.

例 3.5.1　分别用高斯消去法和高斯列主元素消去法解方程组

$$\begin{bmatrix} 0.001 & 2.000 & 3.000 \\ -1.000 & 3.712 & 4.623 \\ -2.000 & 1.072 & 5.643 \end{bmatrix}\begin{bmatrix} x_1 \\ x_2 \\ x_3 \end{bmatrix}=\begin{bmatrix} 1.00 \\ 2.00 \\ 3.00 \end{bmatrix}.$$

解：(1)高斯消去法求解

$$(\boldsymbol{Ab})=\begin{bmatrix} 0.001 & 2.000 & 3.000 & 1.000 \\ -1.000 & 3.712 & 4.623 & 2.000 \\ -2.000 & 1.072 & 5.643 & 3.000 \end{bmatrix}$$

$$\xrightarrow[m_{31}=2000]{m_{21}=1000}\begin{bmatrix} 0.001 & 2.000 & 3.000 & 1.000 \\ 0 & 2004 & 3005 & 1002 \\ 0 & 4001 & 6006 & 2003 \end{bmatrix}$$

$$\xrightarrow{m_{32}=-1.997}\begin{bmatrix} 0.001 & 2.000 & 3.000 & 1.000 \\ 0 & 2004 & 3005 & 1002 \\ 0 & 0 & 5.000 & 2.000 \end{bmatrix}$$

回代求得近似解 $\boldsymbol{x}=(0.000,\ -0.0998,\ 0.4000)^{\mathrm{T}}$.

(2) 高斯列主元素消去法求解

$$(\boldsymbol{Ab})=\begin{bmatrix} 0.001 & 2.000 & 3.000 & 1.000 \\ -1.000 & 3.712 & 4.623 & 2.000 \\ -2.000 & 1.072 & 5.643 & 3.000 \end{bmatrix}$$

$$\xrightarrow{r_1\leftrightarrow r_3}\begin{bmatrix} -2.000 & 1.072 & 5.643 & 3.000 \\ -1.000 & 3.712 & 4.623 & 2.000 \\ 0.001 & 2.000 & 3.000 & 1.000 \end{bmatrix}$$

$$\xrightarrow[m_{31}=0.0005]{m_{21}=-0.5000}\begin{bmatrix} -2.000 & 1.072 & 5.643 & 3.000 \\ 0 & 3.176 & 1.801 & 0.5000 \\ 0 & 2.001 & 3.003 & 1.002 \end{bmatrix}$$

$$\xrightarrow{m_{32}=-0.6300}\begin{bmatrix} -2.000 & 1.072 & 5.643 & 3.000 \\ 0 & 3.176 & 1.801 & 0.5000 \\ 0 & 0 & 1.868 & 0.6870 \end{bmatrix}.$$

回代求解得近似解 $\boldsymbol{x}=[-0.4900,\ -0.05113,\ 0.3678]^{\mathrm{T}}$，而本方程组四舍五入到 4 位有效数字的解是

$$\boldsymbol{x}^*=[-0.4904,\ -0.05104,\ 0.3675]^{\mathrm{T}}.$$

可见高斯列主元素消去法比高斯消去法精度高得多，因此实践中常使用高斯列主元素消去法求方程组的解.

高斯消去法还可用于解矩阵方程

$$\boldsymbol{A}_{n\times n}\boldsymbol{x}_{n\times m}=\boldsymbol{B}_{n\times m},\quad |\boldsymbol{A}_{n\times n}|\neq 0. \tag{3.19}$$

显然其解为

$$\boldsymbol{x}_{n\times m}=\boldsymbol{A}_{n\times n}^{-1}\cdot\boldsymbol{B}_{n\times m}.$$

将分块阵$(\boldsymbol{A}_{n\times n}\mid\boldsymbol{B}_{n\times m})$进行一系列初等行变换

$$(\boldsymbol{A}\mid\boldsymbol{B})\xrightarrow{\text{初等行变换}}(\boldsymbol{E}\mid\boldsymbol{C}),$$

则必有 $\boldsymbol{C}=\boldsymbol{A}^{-1}\cdot\boldsymbol{B}$，而利用高斯消去法将 $\boldsymbol{A}$ 行变换为 $\boldsymbol{E}$ 是做得到的，首先利用高斯主元素消去法将 $\boldsymbol{A}$ 变为上三角阵，其次利用高斯消去法将上三角阵变为对角阵，最后将对角阵变为单位阵就达到目的了.

当 $m=1$ 时，$\boldsymbol{B}_{n\times m}$ 是一 n 维向量，(3.19)此时等价于(3.16)；当 $m=n$ 且 B 是单位阵时，(3.19)的解就是 $\boldsymbol{A}^{-1}$，从而得到了求 n 阶矩阵的逆矩阵的方法.

例 3.5.2 用高斯消去法解矩阵方程 $\boldsymbol{A}\boldsymbol{x}=\boldsymbol{B}$，其中：

$$\boldsymbol{A}=\begin{bmatrix}1&1&-1\\1&2&-2\\-2&1&1\end{bmatrix},\ \boldsymbol{B}=\begin{bmatrix}1&0\\0&1\\1&0\end{bmatrix}.$$

解：容易验证 $|\boldsymbol{A}|\neq 0$，故 $\boldsymbol{A}$ 可逆，有 $\boldsymbol{x}=\boldsymbol{A}^{-1}\cdot\boldsymbol{B}$. 因此，写出方程组的增广矩阵，对其进行初等行变换得

$$\begin{bmatrix}1&1&-1&\vdots&1&0\\1&2&-2&\vdots&0&1\\-2&1&1&\vdots&1&0\end{bmatrix}\to\begin{bmatrix}1&1&-1&1&0\\0&1&-1&-1&1\\0&3&-1&3&0\end{bmatrix}\to\begin{bmatrix}1&1&-1&1&0\\0&1&-1&-1&1\\0&0&2&6&-3\end{bmatrix}$$

$$\to\begin{bmatrix}1&0&0&2&-1\\0&1&-1&-1&1\\0&0&1&3&-\frac{3}{2}\end{bmatrix}\to\begin{bmatrix}1&0&0&2&-1\\0&1&0&2&-\frac{1}{2}\\0&0&1&3&-\frac{3}{2}\end{bmatrix},$$

$$\boldsymbol{x}=\boldsymbol{A}^{-1}\cdot\boldsymbol{B}=\begin{bmatrix}2&-1\\2&-\frac{1}{2}\\3&-\frac{3}{2}\end{bmatrix}.$$

§3.6 LU 分解法

定理 3.11 $\boldsymbol{A}=(a_{ij})_{n\times n}$，$\boldsymbol{A}$ 的所有顺序主子式均不等于零，则 $\boldsymbol{A}$ 存在唯一的分解式 $\boldsymbol{A}=\boldsymbol{L}\cdot\boldsymbol{D}\cdot\boldsymbol{R}$，其中，$\boldsymbol{L}$ 是 n 阶单位下三角矩阵，$\boldsymbol{R}$ 是 n 阶单位上三解矩阵，$\boldsymbol{D}$ 是 n 阶非奇异对角阵.

证明：略.

在定理 3.11 的条件下，有如下推论：

推论 1 $\boldsymbol{D}$ 并入 $\boldsymbol{R}$，则

$$\boldsymbol{A}=\boldsymbol{L}\cdot(\boldsymbol{D}\boldsymbol{R})=\boldsymbol{L}\cdot\boldsymbol{U}.$$

此时，$\boldsymbol{L}$ 是单位下三角阵，$\boldsymbol{U}$ 是上三角阵，称之为 Doolittle 分解.

推论 2 $\boldsymbol{D}$ 并入 $\boldsymbol{L}$，则

$$\boldsymbol{A}=(\boldsymbol{L}\boldsymbol{D})\cdot\boldsymbol{R}=\tilde{\boldsymbol{L}}\cdot\tilde{\boldsymbol{U}}.$$

此时，$\tilde{\boldsymbol{L}}$ 是下三角阵，$\tilde{\boldsymbol{U}}$ 是单位上三角阵，称之为 Crout 分解.

推论 3　如果 $\boldsymbol{A}=\boldsymbol{A}^{\mathrm{T}}$，则 $\boldsymbol{A}=\boldsymbol{LDL}^{\mathrm{T}}$，$\boldsymbol{L}$ 是单位下三角阵.

推论 4　如果 $\boldsymbol{A}$ 对称、正定，则 $\boldsymbol{A}=\boldsymbol{L}\cdot\boldsymbol{L}^{\mathrm{T}}$，$\boldsymbol{L}$ 是对角元全为正数的下三角矩阵，称为平方根分解或 Cholesky 分解.

对于方程组(3.16)，如果其系数矩阵 $\boldsymbol{A}$ 满足定理 3.11，则利用推论 1 有

$$\boldsymbol{L}\cdot\boldsymbol{U}\cdot\boldsymbol{x}=\boldsymbol{b} \tag{3.20}$$

式(3.20)等价于求解两个三角方程组：①$\boldsymbol{L}\cdot\boldsymbol{y}=\boldsymbol{b}$ 是单位下三角方程组，解之得 $\boldsymbol{y}$. ②$\boldsymbol{U}\cdot\boldsymbol{x}=\boldsymbol{y}$ 是上三角方程组，解之得 $\boldsymbol{x}$.

于是问题归结为如何将 $\boldsymbol{A}$ 分解为 $\boldsymbol{L}\cdot\boldsymbol{U}$ 的形式，下面利用矩阵的运算规则求出 $\boldsymbol{L}$ 和 $\boldsymbol{U}$ 中的元素.

(1) 设 $\boldsymbol{A}=(a_{ij})_{n\times n}$ 已有了分解式 $\boldsymbol{A}=\boldsymbol{L}\cdot\boldsymbol{U}$，即

$$\begin{bmatrix} a_{11} & a_{12} & \cdots & a_{1n} \\ a_{21} & a_{22} & \cdots & a_{2n} \\ \vdots & \vdots & & \vdots \\ a_{n1} & a_{n2} & \cdots & a_{nn} \end{bmatrix}=\begin{bmatrix} 1 & 0 & \cdots & 0 \\ l_{21} & 1 & \cdots & 0 \\ \vdots & \vdots & & \vdots \\ l_{n1} & l_{n2} & \cdots & 1 \end{bmatrix}\begin{bmatrix} u_{11} & u_{12} & \cdots & u_{1n} \\ 0 & u_{22} & \cdots & u_{2n} \\ \vdots & \vdots & & \vdots \\ 0 & 0 & \cdots & u_{nn} \end{bmatrix}, \tag{3.21}$$

其中，l_{ij}，u_{ij} 均为待定元素，利用矩阵乘法规则有 $a_{ij}=\sum\limits_{k=1}^{n} l_{ik}\cdot u_{kj}$.

注意到

$$l_{ii}=1(i=1,\ 2,\ \cdots,\ n),$$
$$l_{ik}=0(k=i+1,\ i+2,\ \cdots,\ n),$$
$$u_{kj}=0(k=j+1,\ j+2,\ \cdots,\ n).$$

$i=1$ 时，

$$a_{ij}=\sum_{k=1}^{n} l_{1k}\cdot u_{kj}=l_{11}\cdot u_{1j}=u_{1j}\ (j=1,\ 2,\ \cdots,\ n),$$

故

$$u_{1j}=a_{1j}(j=1,\ 2,\ \cdots,\ n). \tag{3.22}$$

$j=1$ 时，

$$a_{i1}=\sum_{k=1}^{n} l_{ik}\cdot u_{kj}=l_{i1}\cdot u_{11}\ (i=2,\ 3,\ \cdots,\ n),$$

故

$$l_{i1}=a_{i1}/u_{11}(i=2,\ 3,\ \cdots,\ n). \tag{3.23}$$

(2) 设已求出 $\boldsymbol{U}$ 的前 $r-1$ 行元素，$\boldsymbol{L}$ 的前 $r-1$ 列元素，则

$$a_{rj}=\sum_{k=1}^{n} l_{rk}\cdot u_{kj}=\sum_{k=1}^{r} l_{rk}\cdot u_{kj}=\sum_{k=1}^{r-1} l_{rk}\cdot u_{kj}+u_{rj},$$

故

$$u_{rj}=a_{rj}-\sum_{k=1}^{r-1} l_{rk}\cdot u_{kj}(j=r,r+1,\cdots,n). \tag{3.24}$$

$j=r$ 时，

$$a_{ir}=\sum_{k=1}^{n} l_{rk}\cdot u_{kj}=\sum_{k=1}^{r} l_{ik}\cdot u_{kr}=\sum_{k=1}^{r-1} l_{ik}\cdot u_{kr}+l_{ir}\cdot u_{rr},$$

故

$$l_{ir}=(a_{ir}-\sum_{k=1}^{r-1} l_{ik}\cdot u_{kr})/u_{rr}(i=r+1,r+2,\cdots,n). \tag{3.25}$$

由（1）和（2）我们得到了求 **L** 和 **U** 的递推算法，算法的第 r 步确定了 **U** 矩阵的第 r 行元素，计算中由 a_{rj} 算出 u_{rj} 后，a_{rj} 不再需要，故可用 a_{rj} 的存贮位置来存贮 u_{rj}；同理可用 a_{ir} 的存贮位置来存贮 l_{ir}，这样可用矩阵 **A** 的 n^2 个存贮位置来存贮 **L** 和 **U**，节省了存贮空间，这种算法又称为紧凑格式，其计算步骤直观图如下

u_{11}	u_{1}	u_{13}	$\cdots$	u_{1n}	…	第一步
l_{21}	u_{22}	u_{23}	$\cdots$	u_{2n}	…	第二步
l_{31}	l_{32}	l_{33}	$\cdots$	u_{3n}	…	第三步
$\vdots$	$\vdots$	$\vdots$				
l_{n1}	l_{n2}	l_{n3}	$\cdots$	u_{nn}	…	第n步

例 3.6.1 设 $\boldsymbol{A}=\begin{bmatrix}2&2&2\\3&2&4\\1&-1&4\end{bmatrix}$，$\boldsymbol{b}=[2,\ -1,\ 5]^{\mathrm{T}}$，试用 LU 分解法解方程组 $\boldsymbol{Ax}=\boldsymbol{b}$，并求 $|\boldsymbol{A}|$ 以及 $\boldsymbol{A}^{-1}$.

解： 利用式（3.22）～（3.25）可得紧凑格式的结果

2	2	2	…	第一步
1.5	-1	1	…	第二步
0.5	2	1	…	第三步

故

$$\boldsymbol{A}=\boldsymbol{L}\cdot\boldsymbol{U}=\begin{bmatrix}1&0&0\\1.5&1&0\\0.5&2&1\end{bmatrix}\begin{bmatrix}2&2&2\\0&-1&1\\0&0&1\end{bmatrix}.$$

（1）解

$$\boldsymbol{L}\cdot\boldsymbol{y}=\boldsymbol{b},$$

得

$$\boldsymbol{y}=[2,\ -4,\ 12]^{\mathrm{T}},$$

再解

$$\boldsymbol{U}\cdot\boldsymbol{x}=\boldsymbol{y},$$

得

$$\boldsymbol{x}=[-27,\ 16,\ 12]^{\mathrm{T}}.$$

(2) $|\boldsymbol{A}|=|\boldsymbol{L}\cdot\boldsymbol{U}|=|\boldsymbol{L}|\cdot|\boldsymbol{U}|=|\boldsymbol{U}|=-2.$

(3) 令

$$\boldsymbol{A}^{-1}=(u^{(1)},\ u^{(2)},\ u^{(3)}),$$

由 $\boldsymbol{A}\cdot\boldsymbol{A}^{-1}=\boldsymbol{E}$ 得

$$\boldsymbol{A}\cdot\boldsymbol{u}^{(1)}=[1,\ 0,\ 0]^{\mathrm{T}},$$
$$\boldsymbol{A}\cdot\boldsymbol{u}^{(2)}=[0,\ 1,\ 0]^{\mathrm{T}},$$
$$\boldsymbol{A}\cdot\boldsymbol{u}^{(3)}=[0,\ 0,\ 1]^{\mathrm{T}}.$$

仿照 (1) 解三个方程组可得

$$\boldsymbol{u}^{(1)}=[-6,\ 4,\ 2.5]^{\mathrm{T}},$$
$$\boldsymbol{u}^{(2)}=[5,\ -3,\ -2]^{\mathrm{T}},$$
$$\boldsymbol{u}^{(3)}=[-2,\ 1,\ 1]^{\mathrm{T}}.$$

$$\therefore \boldsymbol{A}^{-1}=\begin{bmatrix}-6 & 5 & -2\\ 4 & -3 & 1\\ 2.5 & -2 & 1\end{bmatrix}.$$

用 LU 分解法求解矩阵的逆的好处是系数矩阵可以一次分解，多次使用.

§ 3.7　平方根法

当 $\boldsymbol{A}$ 满足定理 3.11 之推论 4 的条件时，有如下分解式

$$\boldsymbol{A}=\boldsymbol{L}\boldsymbol{L}^{\mathrm{T}}=\begin{bmatrix}l_{11} & 0 & 0 & \cdots & 0\\ l_{21} & l_{22} & 0 & \cdots & 0\\ l_{31} & l_{32} & l_{33} & \cdots & 0\\ \vdots & \vdots & \vdots & & \vdots\\ l_{n1} & l_{n2} & l_{n3} & \cdots & l_{nn}\end{bmatrix}\begin{bmatrix}l_{11} & l_{21} & l_{31} & \cdots & l_{n1}\\ 0 & l_{22} & l_{32} & \cdots & l_{n2}\\ 0 & 0 & l_{33} & \cdots & l_{n3}\\ \vdots & \vdots & \vdots & & \vdots\\ 0 & 0 & 0 & \cdots & l_{nn}\end{bmatrix},$$

注意到

$$l_{ik}=0(k=i+1,\ i+2,\ \cdots,\ n),$$

$$a_{ij}=\sum_{k=1}^{n}l_{ik}l_{jk}=\sum_{k=1}^{i}l_{ik}l_{jk}+\sum_{k=i+1}^{n}0\times l_{jk}$$
$$=\sum_{k=1}^{i-1}l_{ik}l_{jk}+l_{ii}l_{ji}.$$

故 $i=1$ 时，

$$a_{1j}=l_{11}\cdot l_{j1}(j=1,\ 2,\ \cdots,\ n),$$

故

$$\begin{cases}l_{11}=\sqrt{a_{11}}\\ l_{j1}=a_{1j}/l_{11}(j=2,\ 3,\ \cdots,\ n)\end{cases}.$$

$i=2$ 时，

$$a_{2j}=l_{21}\cdot l_{j1}+l_{22}\cdot l_{j2}(j=2,3,\cdots,n),$$

故

$$\begin{cases}l_{22}=\sqrt{a_{22}-l_{21}^2}\\ l_{j2}=(a_{2j}-l_{21}\cdot l_{j1})/l_{22}(j=3,4,\cdots,n)\end{cases}.$$

$i=r$ 时，

$$a_{rj}=\sum_{k=1}^{r}l_{rk}\cdot l_{jk}\ (j=r,r+1,\cdots,n),$$

故

$$\begin{cases}l_{rr}=\sqrt{a_{rr}-\sum\limits_{k=1}^{r-1}l_{rk}^2}\\ l_{jk}=(a_{rj}-\sum\limits_{k=1}^{r-1}l_{rk}\cdot l_{jk})/l_{rr}\ (j=r+1,r+2,\cdots,n)\end{cases}.$$

综上我们得到对称、正定阵的平方根分解算法：

对 $r=1,2,\cdots,n$，

(1) 计算 $l_{rr}=\sqrt{a_{rr}-\sum\limits_{k=1}^{r-1}l_{rk}^2}$；

(2) 对 $j=r+1,r+2,\cdots,n$，计算 $l_{jk}=(a_{rj}-\sum\limits_{k=1}^{r-1}l_{rk}\cdot l_{jk})/l_{rr}$.

§3.8 改进的平方根法

平方根法的计算涉及开方运算，计算量大，现在介绍不需要开方运算的改进平方根法.

当 **A** 满足定理 3.11 之推论 3 的条件有如下分解式

$$\boldsymbol{A}=\boldsymbol{LDL}^{\mathrm{T}}\begin{bmatrix}1&0&0&\cdots&0\\l_{21}&1&0&\cdots&0\\l_{31}&l_{32}&1&\cdots&0\\\vdots&\vdots&\vdots&&\vdots\\l_{n1}&l_{n2}&l_{n3}&\cdots&1\end{bmatrix}\begin{bmatrix}d_1&&&&\\&d_2&&&\\&&d_3&&\\&&&\ddots&\\&&&&d_n\end{bmatrix}\begin{bmatrix}1&l_{21}&l_{31}&\cdots&l_{n1}\\0&1&l_{32}&\cdots&l_{n2}\\0&0&1&\cdots&l_{n3}\\\vdots&\vdots&\vdots&&\vdots\\0&0&0&\cdots&1\end{bmatrix}$$

$$=\begin{bmatrix}d_1&0&0&\cdots&0\\l_{21}d_1&d_2&0&\cdots&0\\l_{31}d_1&l_{32}d_2&d_3&\cdots&0\\\vdots&\vdots&\vdots&&\vdots\\l_{n1}d_1&l_{n2}d_2&l_{n3}d_3&\cdots&d_n\end{bmatrix}\begin{bmatrix}1&l_{21}&l_{31}&\cdots&l_{n1}\\0&1&l_{32}&\cdots&l_{n2}\\0&0&1&\cdots&l_{n3}\\\vdots&\vdots&\vdots&&\vdots\\0&0&0&\cdots&1\end{bmatrix}.$$

注意到

$$l_{ij}=0(j=i+1,i+2,\cdots,n),\ l_{ii}=1(i=1,2,\cdots,n),$$

$$a_{ij}=\sum_{k=1}^{n}l_{ik}d_k\cdot l_{jk}=\sum_{k=1}^{i}l_{ik}d_k\cdot l_{jk}+\sum_{k=i+1}^{n}0\times d_k\cdot l_{jk}$$
$$=\sum_{k=1}^{i-1}l_{ik}d_kl_{jk}+d_il_{ji}.$$

故 $i=1$ 时，

$$a_{1j}=d_1\cdot l_{j1}(j=1,\ 2,\ \cdots,\ n),$$

故

$$\begin{cases}d_1=a_{11}\\ l_{j1}=a_{1j}/d_1(j=2,\ 3,\ \cdots,\ n)\end{cases}.$$

$i=2$ 时，

$$a_{2j}=l_{21}\cdot d_1\cdot l_{j1}+d_2\cdot l_{j2}(j=2,\ 3,\ \cdots,\ n),$$

故

$$\begin{cases}d_2=(a_{22}-l_{21}\cdot d_1\cdot l_{21})/l_{22}=(a_{22}-l_{21}^2\cdot d_1)\\ l_{j2}=(a_{2j}-l_{21}\cdot d_1\cdot l_{j1})/d_2(j=3,\ 4,\ \cdots,\ n)\end{cases}.$$

$i=r$ 时，

$$a_{rj}=\sum_{k=1}^{r-1}l_{rk}d_kl_{jk}+d_rl_{jr}\ (j=r,\ r+1,\ \cdots,\ n),$$

故

$$\begin{cases}d_r=(a_{rr}-\sum_{k=1}^{r-1}l_{rk}^2\cdot d_k)/l_{rr}\\ l_{jr}=(a_{rj}-\sum_{k=1}^{r-1}l_{rk}\cdot d_k\cdot l_{jk})/d_r\ (j=r+1,\ r+2,\ \cdots,\ n)\end{cases}.$$

综上我们得到对称阵的分解算法

对 $r=1,\ 2,\ \cdots,\ n$，

(1) 计算 $d_r=(a_{rr}-\sum_{k=1}^{r-1}l_{rk}^2\cdot d_k)/l_{rr}$；

(2) 对 $j=r+1,\ r+2,\ \cdots,\ n$，计算 $l_{jr}=(a_{rj}-\sum_{k=1}^{r-1}l_{rk}\cdot d_k\cdot l_{jk})/d_r$.

§3.9　追赶法

在用差分格式求微分方程数值解的时候常常会碰到如下的三对角方程组 $\boldsymbol{Ax}=\boldsymbol{b}$，即

$$\begin{bmatrix} b_1 & c_1 & & & & \\ a_2 & b_2 & c_2 & & & \\ & a_3 & b_3 & c_3 & & \\ & & \ddots & \ddots & \ddots & \\ & & & a_{n-1} & b_{n-1} & c_{n-1} \\ & & & & a_n & b_n \end{bmatrix} \begin{bmatrix} x_1 \\ x_2 \\ x_3 \\ \vdots \\ x_{n-1} \\ x_n \end{bmatrix} = \begin{bmatrix} b_1 \\ b_2 \\ b_3 \\ \vdots \\ b_{n-1} \\ b_n \end{bmatrix}. \tag{3.26}$$

设 $\boldsymbol{A}$ 为严格对角占优矩阵，则式(3.26)的解存在且唯一，对 $\boldsymbol{A}$ 进行 $\boldsymbol{L}\cdot\boldsymbol{U}$ 分解，即

$$\begin{bmatrix} b_1 & c_1 & & & \\ a_2 & b_2 & c_2 & & \\ & \ddots & \ddots & \ddots & \\ & & a_{n-1} & b_{n-1} & c_{n-1} \\ & & & a_n & b_n \end{bmatrix} = \begin{bmatrix} 1 & & & & \\ l_2 & 1 & & & \\ & l_3 & 1 & & \\ & & \ddots & \ddots & \\ & & & l_n & 1 \end{bmatrix} \begin{bmatrix} u_1 & d_1 & & & \\ & u_2 & d_2 & & \\ & & \ddots & \ddots & \\ & & & u_{n-1} & d_{n-1} \\ & & & & u_n \end{bmatrix}.$$

利用矩阵乘法及矩阵相等可得

$$\begin{cases} d_i = c_i (i=1, 2, \cdots, n-1) \\ u_1 = b_1 \\ l_i = a_i / u_{i-1},\ u_i = b_i - l_i d_{i-1} (i=2, 3, \cdots, n) \end{cases}. \tag{3.27}$$

于是对式(3.26)的求解转换为求解两个简单的方程组

$$\begin{cases} \boldsymbol{Ly} = \boldsymbol{b} \\ \boldsymbol{Ux} = \boldsymbol{y} \end{cases}.$$

解 $\boldsymbol{Ly}=\boldsymbol{b}$ 得

$$\begin{cases} y_1 = b_1 \\ y_i = b_i - l_i y_{i-1} (i=2, 3, \cdots, n) \end{cases}. \tag{3.28}$$

解 $\boldsymbol{Ux}=\boldsymbol{y}$ 得

$$\begin{cases} x_n = y_n / u_n \\ x_i = (y_i - c_i x_{i+1}) / u_i (i=n-1, n-2, \cdots, 1) \end{cases}. \tag{3.29}$$

式(3.27)～(3.29)计算过程称为解三对角方程组的追赶法. 其中，计算 $u_1 \to l_2 \to u_2 \to l_3 \to \cdots \to l_n \to u_n$ 及 $y_1 \to y_2 \to \cdots \to y_n$ 的过程称为追的过程，计算 $x_n \to x_{n-1} \to \cdots \to x_1$ 的过程称为赶的过程. 整个求解过程需 $5n-4$ 次乘法，并且是稳定的.

例 3.9.1 用追赶法求解如下方程组.

$$\begin{bmatrix} -1 & 1 & 0 & 0 \\ -2 & 3 & 4 & 0 \\ 0 & 1.5 & 8 & 2 \\ 0 & 0 & 1 & 2 \end{bmatrix} \begin{bmatrix} x_1 \\ x_2 \\ x_3 \\ x_4 \end{bmatrix} = \begin{bmatrix} 1 \\ 4 \\ 3 \\ 1 \end{bmatrix}.$$

解：首先，利用式(3.27)可得

$$\begin{bmatrix} -1 & 1 & 0 & 0 \\ -2 & 3 & 4 & 0 \\ 0 & 1.5 & 8 & 2 \\ 0 & 0 & 1 & 2 \end{bmatrix} = \begin{bmatrix} 1 & 0 & 0 & 0 \\ 2 & 1 & 0 & 0 \\ 0 & 1.5 & 1 & 0 \\ 0 & 0 & 0.5 & 1 \end{bmatrix} \begin{bmatrix} 1 & 1 & 0 & 0 \\ 0 & 1 & 4 & 0 \\ 0 & 0 & 2 & 2 \\ 0 & 0 & 0 & 1 \end{bmatrix}.$$

其次，利用式(3.28)求解

$$\begin{bmatrix} 1 & 0 & 0 & 0 \\ 2 & 1 & 0 & 0 \\ 0 & 1.5 & 1 & 0 \\ 0 & 0 & 0.5 & 1 \end{bmatrix} \begin{bmatrix} y_1 \\ y_2 \\ y_3 \\ y_4 \end{bmatrix} = \begin{bmatrix} 1 \\ 4 \\ 3 \\ 1 \end{bmatrix},$$

得

$$[y_1 \quad y_2 \quad y_3 \quad y_4]^{\mathrm{T}} = [1 \quad 2 \quad 0 \quad 1]^{\mathrm{T}}.$$

最后求解

$$\begin{bmatrix} -1 & 1 & 0 & 0 \\ 0 & 1 & 4 & 0 \\ 0 & 0 & 2 & 2 \\ 0 & 0 & 0 & 1 \end{bmatrix} \begin{bmatrix} x_1 \\ x_2 \\ x_3 \\ x_4 \end{bmatrix} = \begin{bmatrix} 1 \\ 2 \\ 0 \\ 1 \end{bmatrix},$$

得

$$[x_1 \quad x_2 \quad x_3 \quad x_4]^{\mathrm{T}} = [5 \quad 6 \quad -1 \quad 1]^{\mathrm{T}}.$$

习题 3

1. $\boldsymbol{A} = \begin{bmatrix} 5 & -2 & 2 \\ -1 & 5 & -1 \\ -2 & -2 & 5 \end{bmatrix}$，$\boldsymbol{b} = \begin{bmatrix} 3 \\ -2 \\ -3 \end{bmatrix}$，求$\|\boldsymbol{A}\|_1$，$\|\boldsymbol{A}\|_\infty$，$\|\boldsymbol{b}\|_1$，$\|\boldsymbol{b}\|_2$，$\|\boldsymbol{b}\|_\infty$.

2. 给定线性方程组$\begin{cases} 20x_1 - x_2 + 2x_3 = 74 \\ 2x_1 + 8x_2 + x_3 = -4 \\ x_1 - 2x_2 + 4x_3 = 56 \end{cases}$，试写出 Jacobi 迭代式和 Gauss-Seidel 迭代式，并讨论其收敛性.

3. 对于 1 题中的 $\boldsymbol{A}$ 和 $\boldsymbol{b}$，分别用 Jacobi 迭代法和 Gauss-Seidel 迭代法求方程组 $\boldsymbol{Ax} = \boldsymbol{b}$ 的解，要求$\|\boldsymbol{x}^{(k)} - \boldsymbol{x}^{(k-1)}\|_p \leqslant \varepsilon = \frac{1}{2} \times 10^{-3}$($p = 1$ 或 2 或∞).

4. 设方程组 $\boldsymbol{Ax} = \boldsymbol{b}$ 的系数矩阵$\boldsymbol{A} = \begin{bmatrix} 1 & a & a \\ a & 1 & a \\ a & a & 1 \end{bmatrix}$为实矩阵，试求能保证 Jacobi 迭代收敛的 a 的取值范围.

5. 取初始向量 $\boldsymbol{x}^{(0)} = [0, 0, 0]^{\mathrm{T}}$，构造适当的迭代式求如下方程组的解，直至$\|\boldsymbol{x}^{(k+1)} - \boldsymbol{x}^{(k)}\|_\infty < 1.0 \times 10^{-5}$.

$$\begin{cases}-x_1+4x_2+2x_3=9\\5x_1+2x_2+x_3=-12\\2x_1-3x_2+10x_3=1\end{cases}$$

6. 对于方程组 $\boldsymbol{Ax}=\boldsymbol{b}$，采用迭代式 $\boldsymbol{x}^{(k+1)}=\boldsymbol{x}^{(k)}+a(\boldsymbol{Ax}^{(k)}-\boldsymbol{b})$ 进行求解，求迭代格式收敛的 a 的范围以及 a 取何值时迭代收敛最快，其中 $\boldsymbol{A}=\begin{bmatrix}3&2\\1&2\end{bmatrix}$.

7. 用高斯列主元素消去法解下列方程组.

(1) $\begin{cases}x_1+2x_2-2x_3=1\\x_1+x_2+x_3=1\\2x_1+2x_2+x_3=1\end{cases}$.

(2) $\begin{cases}6x_1+x_2+x_3=0\\x_1+6x_2+x_3=-15\\x_1+x_2+6x_3=-15\end{cases}$.

8. 用 LU 分解法解上题中的方程组.

9. 利用矩阵的 LU 分解求矩阵 $\boldsymbol{A}$ 的行列式及其逆矩阵，其中 $\boldsymbol{A}=\begin{bmatrix}1&2&3\\4&5&6\\7&8&10\end{bmatrix}$.

10. 用追赶法求 $\boldsymbol{Ax}=\boldsymbol{b}$ 的解，其中 $\boldsymbol{A}=\begin{bmatrix}2&1&0&0\\2&4&2&0\\0&3&5&1\\0&0&6&7\end{bmatrix}$，$\boldsymbol{b}=\begin{bmatrix}2\\-1\\3\\2\end{bmatrix}$.

11. 分别用平方根法和改进的平方根法求解方程组 $\boldsymbol{Ax}=\boldsymbol{b}$，其中 $\boldsymbol{A}=\begin{bmatrix}16&4&8\\4&5&-4\\8&-4&22\end{bmatrix}$，$\boldsymbol{b}=\begin{bmatrix}1\\1\\1\end{bmatrix}$.

第 4 章　插值法与最小二乘法

工程实践中，函数 $y=f(x)$用来表示变量间的数量关系，其表达式复杂多样. 有时候只能通过观测手段得到 $y=f(x)$在某区间 $[a, b]$ 上有限个不同点处的函数值 $y_i=f(x_i)(i=0, 1, \cdots, n)$，即仅知道一张函数表. 为了从给定的函数表进一步研究函数的性质，工程师们往往希望找到一个能够反映函数特性的简单函数 $p(x)$去近似代替 $f(x)$. $p(x)$可以是一个代数多项式或者是三角多项式或者是有理分式；同时 $p(x)$既可以是光滑函数，亦可以是分片光滑函数. 由于代数多项式结构简单，便于计算和分析，故实践中常取 $p(x)$为代数多项式去逼近 $f(x)$.

§4.1　多项式插值

设函数 $y=f(x)$在区间 $[a, b]$ 上有定义，且互异节点 $x_i\in[a, b]$ 上的函数值为 $y_i=f(x_i)(i=0, 1, \cdots, n)$，方便起见，我们不妨令 $a\leqslant x_0<x_1<\cdots<x_n\leqslant b$. 集合 $P=span\{1, x, x^2, \cdots, x^n\}=\{p_n(x)/p_n(x)=a_0+a_1x+\cdots+a_nx^n, a_i\in\mathbf{R}, (i=1, 2, \cdots, n)\}$ 表示所有不超过 n 次的代数多项式所构成的集合，该集合对加法运算和数量乘法运算是封闭的，从而构成一个线性空间. 多项式插值问题就是找一个 $p_n(x)\in\mathbf{P}$，使得

$$p_n(x_i)=y_i(i=0, 1, \cdots, n) \tag{4.1}$$

式(4.1)称为插值条件，$y=f(x)$称为被插值函数，x_i 称为插值节点，$[a, b]$ 称为插值区间. 满足插值条件的如下多项式

$$p_n(x)=a_0+a_1x+\cdots+a_nx^n \tag{4.2}$$

称为插值多项式.

本章各种插值方法的基本思想就是为了从一个指定的线性空间(多项式构成的集合)找到符合插值条件的多项式(该多项式通常是唯一的)，采取构造该空间的一组特殊基底，从而能够方便地找到满足插值条件(4.1)的插值多项式.

定理 4.1　满足插值条件(4.1)的插值多项式(4.2)存在且唯一.

证明：由于 $p_n(x)$满足插值条件(4.1)，故

$$\begin{cases} a_0+a_1x_0+\cdots+a_nx_0^n=y_0 \\ a_0+a_1x_1+\cdots+a_nx_1^n=y_1 \\ a_0+a_1x_n+\cdots+a_nx_n^n=y_n \end{cases}. \tag{4.3}$$

这是关于 a_0，a_1，…，a_n 的 $n+1$ 元线性方程组，其系数矩阵

$$\boldsymbol{A}=\begin{bmatrix} 1 & x_0 & x_0^2 & \cdots & x_0^n \\ 1 & x_1 & x_1^2 & \cdots & x_1^n \\ \vdots & \vdots & \vdots & & \vdots \\ 1 & x_n & x_n^2 & \cdots & x_n^n \end{bmatrix},$$

$$|\boldsymbol{A}|=V_{n+1}(x_0,x_1,\cdots,x_n)=\prod_{i=1}^{n}\prod_{j=0}^{i-1}(x_i-x_j)=\prod_{0\leqslant j<i\leqslant n}(x_i-x_j),$$

由于节点

$$x_i\neq x_j(i\neq j),$$

故

$$|\boldsymbol{A}|\neq 0,$$

从而(4.3)解存在且唯一，命题得证.

代数插值有明显的几何意义，就是通过 xOy 平面内 $y=f(x)$ 上的 $n+1$ 个互异点 (x_i,y_i)，$i=0$，1，…，n，作一条次数不超过 n 次的代数曲线 $p_n(x)$ 近似地代替 $f(x)$(图 4－1)，定理 4.1 告诉我们，这样的 $p_n(x)$ 存在且唯一.

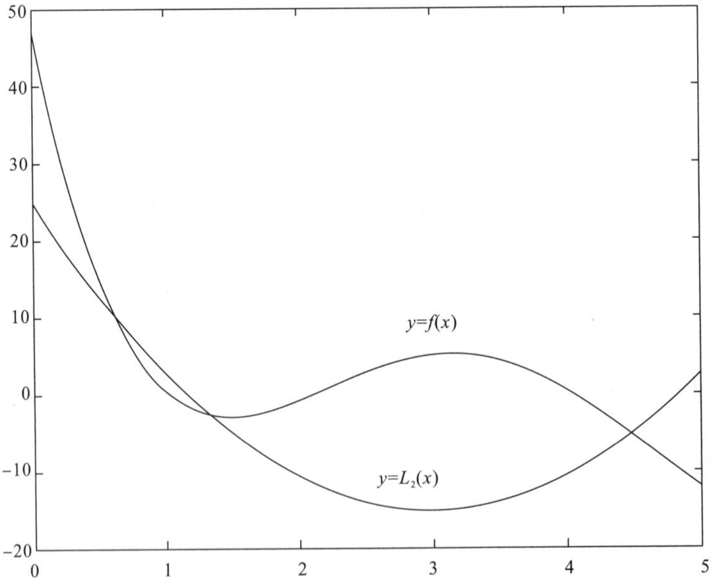

图 4－1　多项式插值示意图

例 4.1.1　已知 $y=f(x)$ 过点(0，1)，(1，2)，(2，1)，求 $y=f(x)$ 的二次插值多项式.

解：令 $p_2(x)=a_0+a_1x+a_2x^2$，则

$$\begin{cases} a_0+a_1\times 0+a_2\times 0^2=1 \\ a_0+a_1\times 1+a_2\times 1^2=2, \\ a_0+a_1\times 2+a_2\times 2^2=1 \end{cases}$$

解此方程组得 $a_0=1$，$a_1=2$，$a_2=-1$.

$\therefore y=f(x)$的二次插值多项式 $p_2(x)=1+2x-x^2$.

§ 4.2 拉格朗日插值法

从上一节的讨论我们知道，通过求解方程组(4.3)我们可以求得满足插值条件(4.1)的多项式(4.2). 但是，当 n 很大的时候，方程组(4.3)求解计算复杂，不便实际应用，因此，本节讨论一种计算简单的拉格朗日(Lagrange)插值法.

定义 4.1 若 n 次多项式 $l_i(x)(i=0, 1, \cdots, n)$在 $n+1$ 个节点 $a\leqslant x_0<x_1<\cdots<x_n\leqslant b$ 上满足条件

$$l_i(x_j)=\delta_{ij}=\begin{cases}1 & j=i \\ 0 & j\neq i\end{cases}(i, j=0, 1, \cdots, n), \tag{4.4}$$

则称这 $n+1$ 个 n 次多项式 $l_i(x)(i=0, 1, \cdots, n)$为节点 $x_j(j=0, 1, \cdots, n)$上的 n 次拉格朗日插值基函数.

下面我们来构造满足式(4.4)的拉格朗日插值基函数，显然 x_0，x_1，…，x_{i-1}，x_{i+1}，…，x_n 是 $l_i(x)$的 n 个零点，而 $l_i(x)$是 n 次多项式，故可令

$$l_i(x)=c_i\cdot\prod_{\substack{j=0\\j\neq i}}^{n}(x-x_j)\quad(i=0, 1, \cdots, n),$$

其中，c_i 为常数.

利用 $l_i(x_i)=1$ 可推得

$$c_i=\prod_{\substack{j=0\\j\neq i}}^{n}\frac{1}{x_i-x_j}.$$

故：

$$l_i(x)=\prod_{\substack{j=0\\j\neq i}}^{n}\frac{x-x_j}{x_i-x_j}(i=0, 1, \cdots, n). \tag{4.5}$$

若令 $\omega(x)=\prod_{j=0}^{n}(x-x_j)$，则 $l_i(x)=\dfrac{\omega(x)}{(x-x_i)\omega'(x_i)}$. (4.6)

定理 4.2 在 $[a, b]$ 上有 $span\{1, x, x^2, \cdots, x^n\}=span\ \{l_0(x), l_1(x), l_2(x), \cdots, l_n(x)\}$.

证明：设有基函数组 Ⅰ：1，x，x^2，…，x^n. 基函数组 Ⅱ：$l_0(x)$，$l_1(x)$，$l_2(x)$，…，$l_n(x)$.

为证明两个集合相等，只需证明两个基函数组能相互线性表出就可以了.

(1) 由于 $l_i(x)(i=0, 1, \cdots, n)$是 $[a, b]$ 上的 n 次多项式，故一定可将 $l_i(x)$ 展开后按 x 的升幂排列，因此 $l_i(x)$可由Ⅰ线性表出，于是Ⅱ可由Ⅰ线性表出.

(2) 令 $f(x)=\sum_{i=0}^{n} x_i^m \cdot l_i(x)-x^m\ (m=0, 1, \cdots, n)$，

则

$$f(x_j)=\sum_{i=0}^{n} x_i^m l_i(x_j)-x_j^m.$$

令 $j=0, 1, \cdots, n$，有

$$\begin{cases} f(x_0)=x_0^m \cdot l_0(x_0)-x_0^m=0 \\ f(x_1)=x_1^m \cdot l_1(x_1)-x_1^m=0 \\ \vdots \\ f(x_n)=x_n^m \cdot l_n(x_n)-x_n^m=0 \end{cases}.$$

上式说明不超过 n 次的多项式 $f(x)$有 $n+1$ 个零点，则必有 $f(x)=0$，即

$$x^m=\sum_{i=0}^{n} x_i^m l_i(x)\ (m=0, 1, \cdots, n).$$

∴Ⅰ可由Ⅱ线性表出.

$$\begin{aligned} \therefore span\{1, x, \cdots, x^n\} &= \{a_0+a_1x+\cdots+a_nx^n / a_i\in\mathbf{R}, i=0, 1, \cdots, n\} \\ &= span\{l_0(x), l_1(x), \cdots, l_n(x)\} \\ &= \{a_0l_o(x)+a_1l_1(x)+\cdots+a_nl_n(x) / a_i\in\mathbf{R}, i=0, 1, \cdots, n\}. \end{aligned}$$

定理得证.

令 $L_n(x)=a_0l_0(x)+a_1l_1(x)+\cdots+a_nl_n(x)$为满足插值条件(4.1)的不超过 n 次的 Lagrange 插值多项式，则

$$\begin{cases} a_0l_0(x_0)+a_1l_1(x_0)+\cdots+a_nl_n(x_0)=y_0 \\ a_0l_0(x_1)+a_1l_1(x_1)+\cdots+a_nl_n(x_1)=y_1 \\ \vdots \\ a_0l_0(x_n)+a_1l_1(x_n)+\cdots+a_nl_n(x_n)=y_n \end{cases}.$$

注意到

$$l_i(x_j)=\begin{cases} 1, & j=i \\ 0, & j\neq i \end{cases}(i, j=0, 1, \cdots, n),$$

可解得

$$a_i=y_i(i=0, 1, \cdots, n).$$

所以，满足插值条件(4.1)的 Lagrange 插值多项式为

$$L_n(x)=\sum_{i=0}^{n} y_i l_i(x). \tag{4.7}$$

§4.2.1 线性插值

$n=1$ 时，插值问题就是求一个一次多项式 $L_1(x)$，使得 $L_1(x_0)=y_0$，$L_1(x_1)=$

y_1，几何上就是过 $y=f(x)$ 的两点 (x_0, y_0)，(x_1, y_1) 作一直线 $y=L_1(x)$，这就是线性插值(图 4－2)．

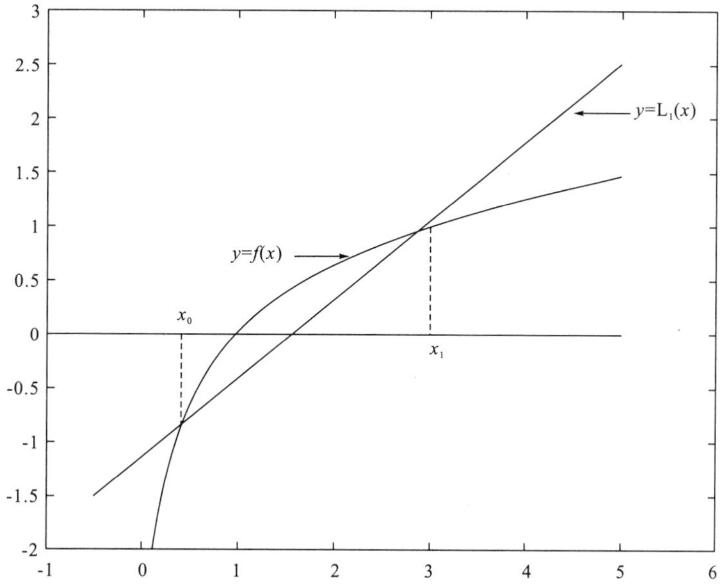

图 4－2　一次插值多项式图

此时，

$$l_0(x)=\frac{x-x_1}{x_0-x_1},\quad l_1(x)=\frac{x-x_0}{x_1-x_0}.$$

它们的图像如图 4－3 和图 4－4．

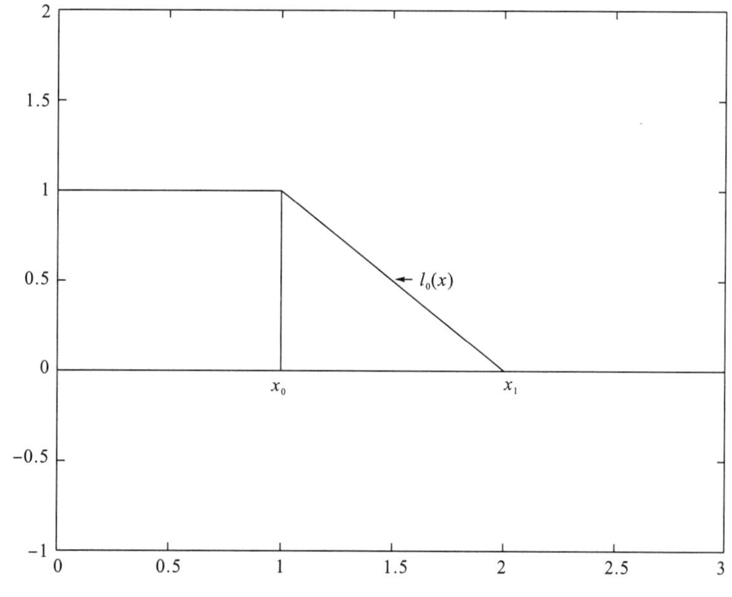

图 4－3　一次插值基函数 $l_0(x)$

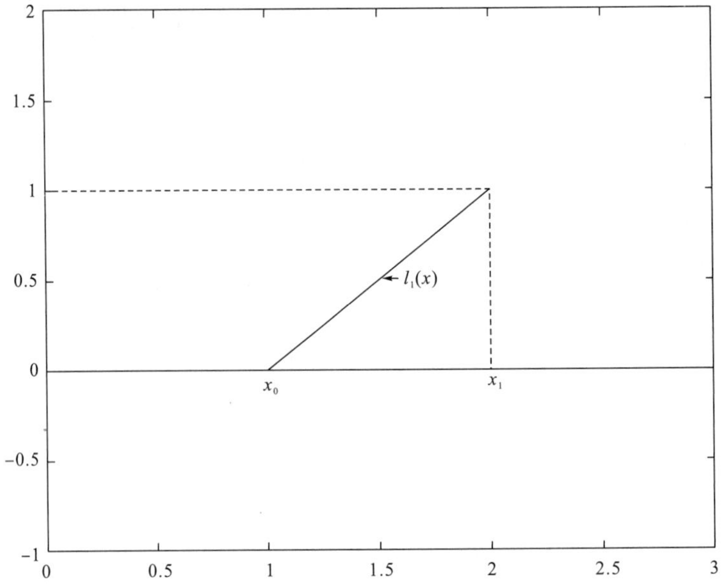

图 4-4　一次插值基函数 $l_1(x)$

故

$$L_1(x)=y_0l_0(x)+y_1l_1(x)=y_0\frac{x-x_1}{x_0-x_1}+y_1\frac{x-x_0}{x_1-x_0}. \tag{4.8}$$

§4.2.2　抛物线插值

$n=2$ 时，插值问题就是求一个二次的多项式 $L_2(x)$，使得

$$L_2(x_0)=y_0,\ L_2(x_1)=y_1,\ L_2(x_2)=y_2.$$

几何上就是过 $y=f(x)$ 上的三个点 $(x_0,\ y_0)$，$(x_1,\ y_1)$，$(x_2,\ y_2)$ 作一条抛物线 $y=L_2(x)$，这就是抛物线插值(图 4-1).

此时，

$$l_0(x)=\frac{(x-x_1)(x-x_2)}{(x_0-x_1)(x_0-x_2)},\ l_1(x)=\frac{(x-x_0)(x-x_2)}{(x_1-x_0)(x_1-x_2)},\ l_2(x)=\frac{(x-x_0)(x-x_1)}{(x_2-x_0)(x_2-x_1)}.$$

故

$$\begin{aligned}L_2(x)&=\sum_{i=0}^{2}y_il_i(x)\\&=y_0\frac{(x-x_1)(x-x_2)}{(x_0-x_1)(x_0-x_2)}+y_1\frac{(x-x_0)(x-x_2)}{(x_1-x_0)(x_1-x_2)}+y_2\frac{(x-x_0)(x-x_1)}{(x_2-x_0)(x_2-x_1)}.\end{aligned} \tag{4.9}$$

例 4.2.1　利用 $y=\sqrt{x}$ 在 $x_0=100$，$x_1=121$ 处的函数值求 $\sqrt{115}$ 的近似值.

解：$y=\sqrt{x}$ 过点(100，10)，(121，11)，则 y 的一次 Lagrange 插值多项式

$$\begin{aligned}L_1(x)&=y_0l_0(x)+y_1l_1(x)\\&=10\times\frac{x-121}{100-121}+11\times\frac{x-100}{121-100},\end{aligned}$$

$$\sqrt{115}=y(115)\approx L_1(115)$$
$$=10\times\frac{115-121}{100-121}+11\times\frac{115-100}{121-100}\approx 10.714286.$$

§4.3　插值余项

设 $p_n(x)$ 是 $f(x)$ 的满足式(4.1)的 n 次插值多项式，记

$$R_n(x)=f(x)-p_n(x) \tag{4.10}$$

为插值多项式 $p_n(x)$ 的插值余项或误差，显然在节点 $x_i(i=0, 1, \cdots, n)$ 处误差 $R_n(x_i)=0$.

定理 4.3　设 $x_i\in[a, b]$ $(i=0, 1, \cdots, n)$ 为互异节点，$f(x)$ 在 $[a, b]$ 上具有直到 $n+1$ 阶的导数，则 $\forall x\in[a, b]$ 有

$$R_n(x)=f(x)-p_n(x)=\frac{f^{n+1}(\zeta)}{(n+1)!}\omega(x), \tag{4.11}$$

其中，$\omega(x)=\prod\limits_{i=0}^{n}(x-x_i)$，$\zeta\in[a, b]$ 与 x 有关.

证明：由式(4.1)知

$$R_n(x_i)=f(x_i)-p_n(x_i)=0(i=0, 1, \cdots, n).$$

说明 $x_i(i=0, 1, \cdots, n)$ 是 $R_n(x)$ 的零点，故令

$$R_n(x)=k(x)\omega(x).$$

下面我们通过辅助函数来找 $k(x)$ 的表达式.

$\forall x\in[a, b]$ $(x\neq x_i, i=0, 1, \cdots, n)$，作辅助函数

$$\varphi(t)=R_n(t)-k(x)\omega(t),$$

显然

$$\varphi(x_i)=R_n(x_i)-k(x)\omega(x_i)=0(i=0, 1, \cdots, n),$$

且

$$\varphi(x)=R_n(x)-k(x)\omega(x)=0,$$

故 $\varphi(t)$ 有 $n+2$ 个互异的零点 $x_0, x_1, \cdots, x_n$ 和 x.

由罗尔定理知 $\varphi'(t)$ 在 $\varphi(t)$ 的任意两个相邻零点之间至少有一个零点，共 $n+1$ 个互异零点；

$\varphi''(t)$ 在 $\varphi'(t)$ 的任意两个相邻零点之间至少有一个零点，共 n 个互异零点；

…

$\varphi^{(n+1)}(t)$ 在 $\varphi^{(n)}(t)$ 的任意两个相邻零点之间至少有一个零点，共一个零点，记为 ζ，其中 $\zeta\in[a, b]$ 与 x 有关.

故

$$\varphi^{(n+1)}(\zeta)=0.$$

又

$$\varphi^{(n+1)}(t)=R_n^{(n+1)}(t)-k(x)\omega^{(n+1)}(t)=f^{(n+1)}(t)-k(x)\cdot(n+1)!,$$

从而

$$f^{(n+1)}(\zeta)-k(x)\cdot(n+1)!=0.$$

$\therefore k(x)=\dfrac{f^{(n+1)}(\zeta)}{(n+1)!}$.

$\therefore R_n(x)=\dfrac{f^{(n+1)}(\zeta)}{(n+1)!}\omega(x)$，$\zeta\in[a,b]$ 与 x 有关.

由式(4.11)可知，线线插值多项式的余项为：

$$R_1(x)=\frac{f''(x)}{2!}(x-x_0)(x-x_1).$$

抛物线插值多项式的余项为：

$$R_2(x)=\frac{f'''(x)}{3!}(x-x_0)(x-x_1)(x-x_2).$$

例 4.3.1 利用 $y=\sqrt{x}$ 在 $x_0=100$，$x_1=121$，$x_2=144$ 处的函数值计算 $\sqrt{115}$ 的近似值并估计误差.

解：$y=\sqrt{x}$ 的二次 Lagrange 插值多项式

$$L_2(x)=10\times\frac{(x-121)(x-144)}{(100-121)(100-144)}+11\times\frac{(x-100)(x-144)}{(121-100)(121-144)}$$
$$+12\times\frac{(x-100)(x-121)}{(144-100)(144-121)}.$$

$\therefore\sqrt{115}=y(115)\approx L_2(115)\approx 10.722756$，

$$|R(115)|=\left|\frac{y'''(\zeta)}{3!}(115-100)(115-121)(115-144)\right|,\ \zeta\in[100,144]$$
$$=\left|\frac{1}{3!}\times\frac{3}{8}\zeta^{-\frac{5}{2}}\times15\times6\times29\right|$$
$$\leqslant\frac{1}{6}\times\frac{3}{8}\times100^{-\frac{5}{2}}\times15\times6\times29$$
$$=1.63125\times10^{-3}.$$

例 4.3.2 设 $f(x)\in C^2{}_{[a,b]}$，且 $f(a)=f(b)=0$.

求证：$\max\limits_{a\leqslant x\leqslant b}|f(x)|=\dfrac{(b-a)^2}{8}\max\limits_{a\leqslant x\leqslant b}|f''(x)|$.

证明：以 a，b 为插值节点进行线性插值，其插值多项式为 $L_1(x)=\dfrac{x-b}{a-b}f(a)+\dfrac{x-a}{b-a}f(b)=0$

由插值余项定理

$$f(x)-L_1(x)=\frac{f''(\zeta)}{2!}(x-a)(x-b),\ \zeta\in(a,b),$$

$$\therefore|f(x)|=\left|\frac{f''(\zeta)}{2!}(x-a)(x-b)\right|\leqslant\frac{1}{2}\max_{a\leqslant\zeta\leqslant b}|f''(\zeta)|\cdot\max_{a\leqslant x\leqslant b}|(x-a)(x-b)|$$

$$=\frac{1}{8}(b-a)^2\max_{a\leqslant x\leqslant b}|f''(x)|.$$

拉格朗日插值法有一个明显的不足就是当增加一个节点的时候，所有的插值基函数都需要重新计算，不利于资源的迭代使用，下面我们介绍的牛顿插值法可以规避这一缺点.

§4.4　牛顿插值法

我们把函数组 1，$(x-x_0)$，$(x-x_0)(x-x_1)$，…，$(x-x_0)(x-x_1)\cdots(x-x_{n-1})$ 称为 $[a, b]$ 上的牛顿插值基函数组，容易证明如下结论：

定理 4.4　在 $[a, b]$ 上有

$span\{1, x, x^2, \cdots, x^n\}=span\{1, x-x_0, (x-x_0)(x-x_1), \cdots, (x-x_0)(x-x_1)\cdots(x-x_{n-1})\}=\{a_0+a_1(x-x_0)+a_2(x-x_0)(x-x_1)+\cdots+a_n(x-x_0)\cdots(x-x_{n-1})\mid a_i\in\mathbf{R}, i=0, 1, \cdots, n\}$.

接下来我们通过牛顿插值基函数组寻找满足插值条件(4.1)的 n 次多项式.

令

$$N_n(x)=a_0+a_1(x-x_0)+\cdots+a_n(x-x_0)(x-x_1)\cdots(x-x_{n-1})$$

为满足插值条件(4.1)的 n 次牛顿插值多项式，则

$$\begin{cases}N_n(x_0)=a_0=y_0\\ N_n(x_1)=a_0+a_1(x_1-x_0)=y_1\\ \vdots\\ N_n(x_n)=a_0+a_1(x_n-x_0)+\cdots+a_n(x_n-x_0)\cdots(x_n-x_{n-1})=y_n\end{cases},$$

故

$$a_0=y_0,$$

$$a_1=\frac{y_1-y_0}{x_1-x_0},$$

$$a_2=\frac{\dfrac{y_2-y_1}{x_2-x_1}-\dfrac{y_1-y_0}{x_1-x_0}}{x_2-x_0},$$

$$\vdots$$

观察发现系数 a_i 带有一定的规律，为了进一步具体化这种规律我们先引进差商的概念.

定义 4.2　设 $y_i=f_i=f(x_i)(i=0, 1, \cdots, n)$，$x_i$ 互异，则称

$f[x_i]=f_i$ 为 $y=f(x)$ 在 x_i 处的零阶差商；

$f[x_i, x_{i+1}]=\dfrac{f[x_{i+1}]-f[x_i]}{x_{i+1}-x_i}$为 $y=f(x)$在 x_i，x_{i+1}处的一阶差商；

$f[x_i, x_{i+1}, x_{i+2}] = \dfrac{f[x_{i+1}, x_{i+2}] - f[x_i, x_{i+1}]}{x_{i+2} - x_i}$ 为 $y=f(x)$ 在 x_i，x_{i+1}，x_{i+2} 处的二阶差商.

一般地，称

$$f[x_0, x_1, \cdots, x_k] = \frac{f[x_1, x_2, \cdots, x_k] - f[x_0, x_1, \cdots, x_{k-1}]}{x_k - x_0}$$

为 $y=f(x)$ 在 x_0，x_1，…，x_k 处的 k 阶差商.

利用差商的定义可以证明差商有如下基本性质：

(1) 对称性.

在 k 阶差商 $f[x_0, x_1, \cdots, x_k]$ 中，任意调换节点 x_i 与 x_j 的位置，其值不变，即 $f[x_0, \cdots, x_i, \cdots, x_j, \cdots, x_k] = f[x_0, \cdots, x_j, \cdots, x_i, \cdots, x_k]$.

(2)差商可以表示为函数值的线性组合. 即

$$f[x_0, x_1, \cdots, x_k] = \sum_{j=0}^{k} A_j f(x_j),$$

其中

$$A_j = \frac{1}{(x_j - x_0)\cdots(x_j - x_{j-1})(x_j - x_{j+1})\cdots(x_j - x_k)}.$$

(3) 如果 $f(x)$ 的 k 阶差商 $f[x_0, x_1, \cdots, x_{k-1}, x]$ 是 x 的 m 次多项式，则其 $k+1$ 阶差商 $f[x_0, x_1, \cdots, x_{k-1}, x_k, x]$ 是 x 的 $m-1$ 次多项式.

显然，由差商的定义

$$f[x_0, x_1, \cdots, x_{k-1}, x_k, x] = \frac{f[x_0, x_1, \cdots, x_{k-1}, x] - f[x_0, x_1, \cdots, x_{k-1}, x_k]}{x - x_k},$$

上式右端分子是 m 次多项式，且 $x=x_k$ 时，分子为零，由于分母含有一次多项式因子 $x-x_k$，故右端整体是 $m-1$ 次多项式.

进一步我们有如下结论：

$f(x)$ 是 x 的 n 次多项式时，其 k 阶差商 $f[x_0, \cdots, x_{k-1}, x]$，在 $k \leqslant n$ 时是 x 的 $n-k$ 次多项式，在 $k>n$ 时恒为零.

(4)设 $f(x)$ 在含有 x_0，x_1，…，x_n 的区间 $[a, b]$ 上具有直到 n 阶的导数，则在这一区间内至少有一点 ζ，使得

$$f[x_0, x_1, \cdots, x_n] = \frac{f^{(n)}(\zeta)}{n!},\ \zeta \in (a, b).$$

有了差商的定义，现在我们可以验证牛顿插值多项式的各待定系数为

$$a_0 = f[x_0]$$
$$a_1 = f[x_0, x_1]$$
$$a_2 = f[x_0, x_1, x_2]$$
$$\vdots$$
$$a_n = f[x_0, x_1, \cdots, x_n]$$

故 n 次牛顿插值多项式为

$$N_n(x)=f[x_0]+f[x_0, x_1](x-x_0)+\cdots+ f[x_0, x_1, \cdots, x_n](x-x_0)(x-x_1)\cdots(x-x_{n-1}). \tag{4.12}$$

此多项式亦叫牛顿差商插值多项式. 于是我们有如下结论：

定理 4.5　设 $N_{n-1}(x)$是满足插值条件(4.1)的 $n-1$ 次牛顿插值多项式，$N_n(x)$是满足插值条件(4.1)的 n 次牛顿插值多项式，且它们有相同的插值节点 x_0，x_1，…，x_{n-1}. 则

$$N_n(x)=N_{n-1}(x)+f[x_0, x_1, \cdots, x_n]\prod_{j=0}^{n-1}(x-x_j). \tag{4.13}$$

显然，计算出 $N_{n-1}(x)$后，若要增加一个节点计算 $N_n(x)$，只需要补充计算 $f[x_0, x_1, \cdots, x_n]\prod_{j=0}^{n-1}(x-x_j)$ 即可，由于高阶差商的计算要用到两个低阶差商，因此常常逐行构造如表 4－1 所示的差商表.

表 4－1　差商表

x_i	0 阶差商	1 阶差商	2 阶差商	3 阶差商	4 阶差商
x_0	$f[x_0]$				
x_1	$f[x_1]$	$f[x_0, x_1]$			
x_2	$f[x_2]$	$f[x_1, x_2]$	$f[x_0, x_1, x_2]$		
x_3	$f[x_3]$	$f[x_2, x_3]$	$f[x_1, x_2, x_3]$	$f[x_0, x_1, x_2, x_3]$	
x_4	$f[x_4]$	$f[x_3, x_4]$	$f[x_2, x_3, x_4]$	$f[x_1, x_2, x_3, x_4]$	$f[x_0, x_1, x_2, x_3, x_4]$
⋮	⋮	⋮	⋮	⋮	⋮

例 4.4.1　利用数据点(0，1)，(2，3)，(3，2)，(5，5)作三次牛顿插值多项式，若再增加数据点(6，6)，试作四次牛顿插值多项式.

解：首先按照表 4－1 构造如下差商数据表：

x_i	$f[x_i]$	$f[x_i, x_{i+1}]$	$f[x_i, x_{i+1}, x_{i+2}]$	$f[x_i, x_{i+1}, x_{i+2}, x_{i+3}]$	$f[x_i, x_{i+1}, x_{i+2}, x_{i+3}, x_{i+4}]$
0	1				
2	3	1			
3	2	−1	$-\frac{2}{3}$		
5	5	$\frac{3}{2}$	$\frac{5}{6}$	$\frac{3}{10}$	
6	6	1	$-\frac{1}{6}$	$-\frac{1}{4}$	$-\frac{11}{120}$

由式(4.12)得三次牛顿插值多项式：

$$N_3(x)=1+1\cdot x-\frac{2}{3}\cdot x\cdot(x-2)+\frac{3}{10}\cdot x\cdot(x-2)\cdot(x-3).$$

由式(4.13)四次牛顿插值多项式：

$$N_4(x)=N_3(x)+\left(-\frac{11}{120}\right)x(x-2)(x-3)(x-5).$$

§4.5 Hermite 插值

在许多实际问题中，为了让插值多项式 $p_n(x)$ 更全面地反映被插值函数 $f(x)$ 的性态，不仅要求插值多项式在插值节点处与被插值函数有相同的函数值，即满足插值条件(4.1)，而且要求它们在某些节点或全部节点上有相同的一阶或高阶导数值，我们称此类问题为 Hermite 插值问题.

已知函数 $y=f(x)$ 在两个互异节点 x_0，x_1 处的函数值和微商值

$$f(x_i)=y_i(i=0,\ 1),$$

$$f'(x_i)=m_i(i=0,\ 1).$$

求一个不超过 3 次的多项式 $H(x)$，使之满足

$$\begin{cases}H(x_i)=y_i(i=0,\ 1)\\ H'(x_i)=m_i(i=0,\ 1)\end{cases}. \tag{4.14}$$

称满足式(4.14)的 $H(x)$ 为 3 次 Hermite 插值多项式.

它有明显的几何意义，即 $y=H(x)$ 与 $y=f(x)$ 不仅都过点 $(x_0,\ y_0)$ 和 $(x_1,\ y_1)$，而且在该点处还有相同的切线. 我们仿照前面 Lagrange 多项式的求法，先构造插值基函数 $h_0(x)$，$h_1(x)$，$H_0(x)$，$H_1(x)$，要求各个基函数在节点处的函数值和微商值如下表：

基函数	函数值		微商值	
	x_0	x_1	x_0	x_1
$h_0(x)$	1	0	0	0
$h_1(x)$	0	1	0	0
$H_0(x)$	0	0	1	0
$H_1(x)$	0	0	0	1

令

$$H(x)=y_0h_0(x)+y_1h_1(x)+m_0H_0(x)+m_1H_1(x). \tag{4.15}$$

容易验证，$H(x)$ 满足插值条件(4.14).

下面我们来构造满足表 4－1 的 Hermite 插值基函数.

在 x_1 处，$h_0(x)$ 的函数值、微商值均为零，所以它必有因子 $(x-x_1)^2$，又 $h_0(x)$ 是不超过三次的多项式，故可设

$$h_0(x)=(a+bx)(x-x_1)^2.$$

利用 $h_0(x_0)=1$，$h_0'(x_0)=0$ 确定出 a，b 后得

$$h_0(x)=\left(1+2\cdot\frac{x-x_0}{x_1-x_0}\right)\left(\frac{x-x_1}{x_0-x_1}\right)^2.$$

同理可得

$$h_1(x)=\left(1+2\cdot\frac{x-x_1}{x_0-x_1}\right)\left(\frac{x-x_0}{x_0-x_1}\right)^2.$$

在 x_0 处 $H_0(x)$的函数值为零，且在 x_1 处 $H_0(x)$的函数值、微商值均为零，所以它必有因子$(x-x_0)(x-x_1)^2$，又 $H_0(x)$是一个不超过三次的多项式，故可设

$$H_0(x)=a(x-x_0)(x-x_1)^2.$$

利用 $H_0'(x_0)=1$ 可得

$$H_0(x)=(x-x_0)\left(\frac{x-x_1}{x_0-x_1}\right)^2.$$

同理可得

$$H_1(x)=(x-x_1)\left(\frac{x-x_0}{x_1-x_0}\right)^2.$$

这四个插值函数如图 4－5 所示，令 $x_0=1$，$x_1=2$，则 $h_0(x)$和 $h_1(x)$在两个节点处微商值均为零. $H_0(x)$在 $x_0=1$ 处微商值为 1，在 $x_1=2$ 处微商值均为零. $H_1(x)$在 $x_0=1$ 处微商值为零，在 $x_1=2$ 处微商值均为 1.

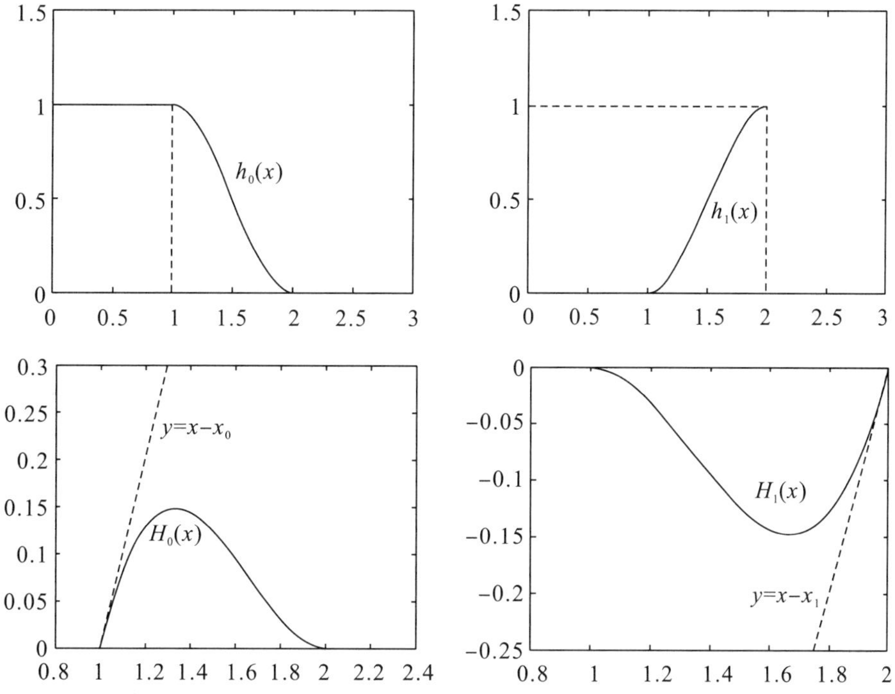

图 4－5 Hermite 插值基函数示意图

定理 4.6 设 $H(x)$是满足插值条件(4.14)的 Hermite 插值多项式，$\forall x\in[a,b]$，$f^{(4)}(x)$存在，其中 $x_0\in[a,b]$ 且 $x_1\in[a,b]$，则 $\forall x\in[a,b]$，总存在一点 ζ 依赖于 x，使得

$$R(x)=f(x)-H(x)=\frac{f^{(4)}(\zeta)}{4!}(x-x_0)^2(x-x_1)^2,\ a<\zeta<b. \tag{4.16}$$

证明：对任一固定点 x，构造辅助函数

$$\varphi(t)=f(t)-H(t)-\frac{R(x)}{(x-x_0)^2(x-x_1)^2}(t-x_0)^2(t-x_1)^2.$$

显然 $\varphi(t)$具有直到四阶的导数且有 x_0，x_1 和 x 三个零点，其中 x_0 和 x_1 是二重零点．不失一般性，我们令 $x_0<x<x_1$，则根据罗尔定理，$\varphi'(t)$在(x_0,x)和(x,x_1)上各有一个零点，令为 η_1，η_2．故 $\varphi'(t)$共有四个互异零点，且 $x_0<\eta_1<\eta_2<x_1$．

同理 $\varphi''(t)$有三个互异零点，$\varphi'''(t)$有两个互异零点，$\varphi^{(4)}(t)$有一个零点，令其为 ζ，由于

$$\varphi^{(4)}(t)=f^{(4)}(t)-4!\ \frac{R(x)}{(x-x_0)^2(x-x_1)^2},$$

$$\therefore f^{(4)}(\zeta)-4!\ \frac{R(x)}{(x-x_0)^2(x-x_1)^2}=0.$$

即

$$R(x)=\frac{f^{(4)}(\zeta)}{4!}(x-x_0)^2(x-x_1)^2,\ a<\zeta<b.$$

在实际应用中我们还会碰到一些混合型 Hermite 插值问题，例如三点四次带三个函数值、两个微商值的 Hermite 值问题，可以仿照上述构造基函数的办法先构造满足部分插值条件的 Hermite 插值多项式，再通过适当的组合技巧找到满足全部插值条件的多项式，如下例所示．

例 4.5.1　给定函数表如下：

x	x_0	x_1	x_2
$f(x)$	y_0	y_1	y_2
$f'(x)$	m_0	m_1	

求四次 Hermite 插值多项式 $H_4(x)$，使之满足

$$H_4(x_i)=y_i(i=0,1,2),\ H_4'(x_i)=m_i(i=0,1).$$

解：利用式(4.15)，令 $H_3(x)=y_0h_0(x)+y_1h_1(x)+m_0H_0(x)+m_1H_1(x)$，$H_3(x_i)=y_i$，$H_3'(x_i)=m_i\ (i=0,1)$．

显然 $H_3(x)$是三次多项式．

又令

$$H_4(x)=H_3(x)+\beta(x),$$

其中，$\beta(x)$是不超过四次的多项式．

由插值条件显然有

$$\beta(x_i)=0,\ \beta'(x_i)=0(i=0,1).$$

所以 $\beta(x)$必含有因子$(x-x_0)^2(x-x_1)^2$．

可令

$$\beta(x)=a(x-x_0)^2(x-x_1)^2.$$

由 $H_4(x_2)=y_2$ 得

$$\beta(x)=(y_2-H_3(x_2))\frac{(x-x_0)^2(x-x_1)^2}{(x_2-x_0)^2(x_2-x_1)^2}.$$

故

$$H_4(x)=y_0h_0(x)+y_1h_1(x)+m_0H_0(x)+m_1H_1(x)+$$
$$(y_2-H_3(x_2))\frac{(x-x_0)^2(x-x_1)^2}{(x_2-x_0)^2(x_2-x_1)^2}.$$

类似地，读者还可以导出三点四次带两个函数值、三个微商值的 Hermite 插值公式或者四点五次带三个函数值、三个微商值的 Hermite 插值公式等.

例 4.5.2　试构造一个三次 Hermite 插值多项式，使其满足：

$$H(0)=1,\ H'(0)=0.5,\ H(1)=2,\ H'(1)=0.5.$$

解：首先构造如下的基函数表

	函数值		导数值	
节点	0	1	0	1
$\alpha_1(x)$	1	0	0	0
$\alpha_2(x)$	0	1	0	0
$H_1(x)$	0	0	1	0
$H_2(x)$	0	0	0	1

则：

$$\alpha_1(x)=(ax+b)(x-1)^2.$$
$$\alpha_2(x)=(ax+b)\cdot(x-0)^2.$$
$$H_1(x)=ax(x-1)^2.$$
$$H_2(x)=a(x-1)x^2.$$

得

$$\alpha_1(x)=(2x+1)(x-1)^2.$$
$$\alpha_2(x)=(-2x+3)x^2.$$
$$H_1(x)=x(x-1)^2.$$
$$H_2(x)=(x-1)x^2.$$

$\therefore H(x)=(2x+1)(x-1)^2+2(-2x+3)x^2+\frac{1}{2}x(x-1)^2+\frac{1}{2}(x-1)x^2.$

如果基函数组直接取为 $\{1, x, x^2, x^3\}$，那么本题也可以用如下方法求解.

令

$$H(x)=a_0+a_1x+a_2x^2+a_3x^3,$$

则

$$H'(x)=a_1+2a_2x+3a_3x^2.$$

$$\begin{cases} a_0+a_1\times 0+a_2\times 0^2+a_3\times 0^3=1 \\ a_0+a_1\times 1+a_2\times 1^2+a_3\times 1^3=2 \\ a_1+2a_2\times 0+3a_3\times 0^2=0.5 \\ a_1+2a_2\times 1+3a_3\times 1^2=0.5 \end{cases}.$$

解方程组得：

$$a_0=1,\ a_1=\frac{1}{2},\ a_2=\frac{3}{2},\ a_3=-1.$$

$\therefore H(x)=1+\frac{1}{2}x+\frac{3}{2}x^2-x^3.$

第二种方法逻辑上理解起来更熟悉、更简单，但并不适合程序设计，一般不建议采用.

例 4.5.3 确定一个不高于四次的多项式 $H(x)$，使得：

$$H(0)=H'(0)=0,\ H(1)=H'(1)=H(2)=1.$$

解：首先构造如下的基函数表

	函数值			导数值	
节点	0	1	2	0	1
$\alpha_0(x)$	1	0	0	0	0
$\alpha_1(x)$	0	1	0	0	0
$\alpha_2(x)$	0	0	1	0	0
$\beta_0(x)$	0	0	0	1	0
$\beta_1(x)$	0	0	0	0	1

则：

$$\alpha_0(x)=(ax+b)(x-1)^2(x-2).$$
$$\alpha_1(x)=(ax+b)x^2(x-2).$$
$$\alpha_2(x)=a(x-1)^2x^2.$$
$$\beta_0(x)=a(x-1)^2x(x-2).$$
$$\beta_1(x)=a(x-1)(x-2)x^2.$$

得

$$\alpha_0(x)=(-\frac{5}{4}x-\frac{1}{2})(x-1)^2(x-2).$$
$$\alpha_1(x)=x^2(x-2)^2.$$
$$\alpha_2(x)=\frac{1}{4}x^2(x-1)^2.$$
$$\beta_0(x)=-\frac{1}{2}x(x-2)(x-1)^2.$$
$$\beta_1(x)=-(x-1)(x-2)x^2.$$

故

$$H(x)=0\cdot\alpha_0(x)+1\cdot\alpha_1(x)+1\cdot\alpha_2(x)+0\cdot\beta_0(x)+1\cdot\beta_1(x)$$
$$=x^2(x-2)^2+\frac{1}{4}x^2(x-1)^2-(x-1)(x-2)x^2$$
$$=\frac{1}{4}x^2(x-3)^2.$$

如果基函数组直接取为 $\{1, x, x^2, x^3\}$，那么本题也可以用如下方法求解.

令

$$H(x)=a_0+a_1x+a_2x^2+a_3x^3+a_4x^4,$$

则

$$H'(x)=a_1+2a_2x+3a_3x^2+4a_4x^3.$$

$$\begin{cases} a_0+a_1\times 0+a_2\times 0^2+a_3\times 0^3+a_4\times 0^4=0 \\ a_0+a_1\times 1+a_2\times 1^2+a_3\times 1^3+a_4\times 1^4=1 \\ a_0+a_1\times 2+a_2\times 2^2+a_3\times 2^3+a_4\times 2^4=1. \\ a_1+2a_2\times 0+3a_3\times 0^2+4a_4\times 0^3=0 \\ a_1+2a_2\times 1+3a_3\times 1^2+4a_4\times 1^3=1 \end{cases}$$

得

$$H(x)=\frac{9}{4}x^2-\frac{3}{2}x^3+\frac{1}{4}x^4$$
$$=\frac{1}{4}x^2(9-6x+x^2)=\frac{1}{4}x^2(x-3)^2.$$

§4.6　分段插值法

§4.6.1　龙格现象

在$[a, b]$上构造 n 次插值多项式 $p_n(x)$，并用 $p_n(x)$近似代替 $f(x)$，是否 n 越大，$p_n(x)$逼近 $f(x)$的效果一定越好呢？答案是否定的. 20 世纪初龙格(Runge)就发现一个例子，当 n 较大的时候 $p_n(x)$与 $f(x)$的误差很大. 将函数

$$f(x)=\frac{1}{1+x^2}\quad -5\leqslant x\leqslant 5$$

作为被插值函数，在 $[-5, 5]$ 上取 11 个等矩节点 $x_i=-5+i\ (i=0, 1, \cdots, 10)$，用 Lagrange 插值多项式 $L_{10}(x)=\sum_{i=0}^{10} l_i(x)\cdot f(x_i)$ 逼近，图 4－6 给出了 $f(x)$与 $L_{10}(x)$的图像.

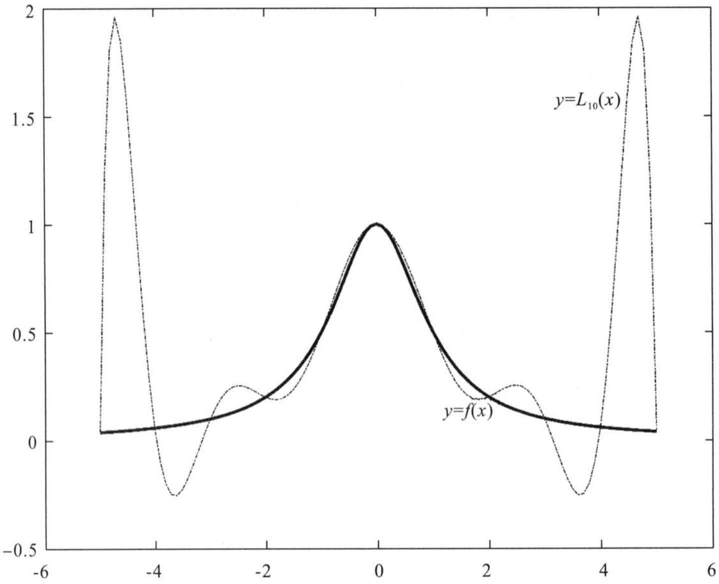

图 4-6　龙格现象示意图

从图像上可以看出 $L_{10}(x)$ 在区间 $(-5,\ -4)$，$(4,\ 5)$ 发生剧烈振荡，逼近效果很差，这就是著名的龙格现象. 为了避免这种现象，实践中很少采用高于七次的插值多项式，当区间较大且插值节点较多的时候常常采用分段低次插值.

§4.6.2　分段线性插值

设在 $[a,\ b]$ 上给定 $n+1$ 个插值节点 $a=x_o<x_1<\cdots<x_n=b$ 和相应的函数值 y_0，y_1，…，y_n，求一个插值函数 $S(x)$，使之满足

(1) $S(x_i)=y_i$，$i=0,\ 1,\ \cdots,\ n$.

(2) $S(x)$ 在每个小区间 $[x_i,\ x_{i+1}]$ 上是线性函数.

我们把 $S(x)$ 叫做 $[a,\ b]$ 上对数据 $(x_i,\ y_i)(i=0,\ 1,\ \cdots,\ n)$ 的分段线性插值.

仿照前面求多种插值多项式的办法，我们先构造分段线性插值基函数，再由其组合成分段线性插值多项式.

分段线性插值基函数的取值如表 4-2.

表 4-2　分段线性插值基函数的取值

函数值 节点 函数	x_0	x_1	x_2	…	x_n
$l_0(x)$	1	0	0	…	0
$l_1(x)$	0	1	0	…	0
$l_2(x)$	0	0	1	…	0

续表

函数值＼节点 函数	x_0	x_1	x_2	…	x_n
				…	
$l_n(x)$	0	0	0	…	1

由此函数表易推得

$$l_0(x)=\begin{cases}\dfrac{x-x_1}{x_0-x_1}, & x_0\leqslant x\leqslant x_1 \\ 0, & x_1<x\leqslant x_n\end{cases}.$$

$$l_i(x)=\begin{cases}\dfrac{x-x_{i-1}}{x_i-x_{i-1}}, & x_{i-1}<x\leqslant x_i \\ \dfrac{x-x_{i+1}}{x_i-x_{i+1}}, & x_i<x\leqslant x_{i+1} \\ 0, & [a,b]-(x_{i-1},x_{i+1}]\end{cases}\quad (i=1,2,\cdots,n-1).$$

$$l_n(x)=\begin{cases}\dfrac{x-x_{n-1}}{x_n-x_{n-1}}, & x_{n-1}<x\leqslant x_n \\ 0, & x_0\leqslant x\leqslant x_{n-1}\end{cases}.$$

这些基函数称为山形函数，它们图像如图 4-7～4-9 所示.

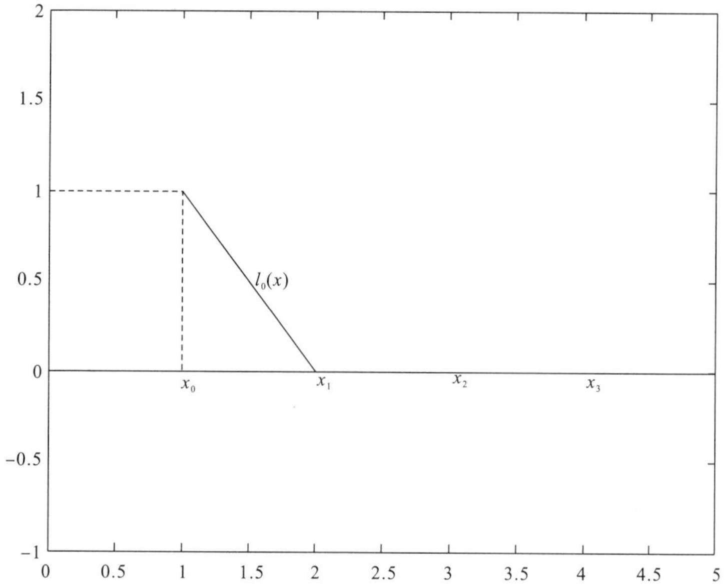

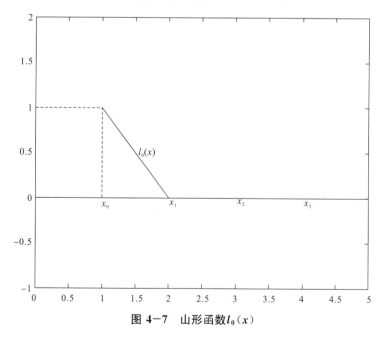

图 4-7　山形函数 $l_0(x)$

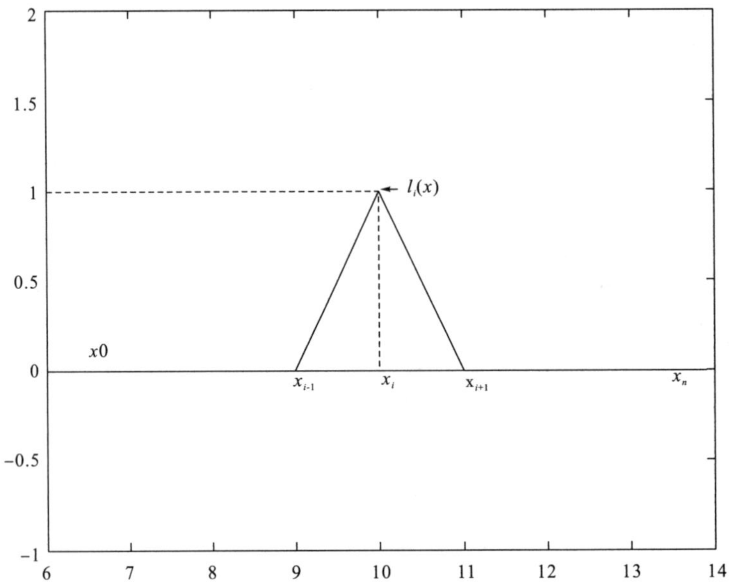

图 4—8　山形函数 $l_i(x)$

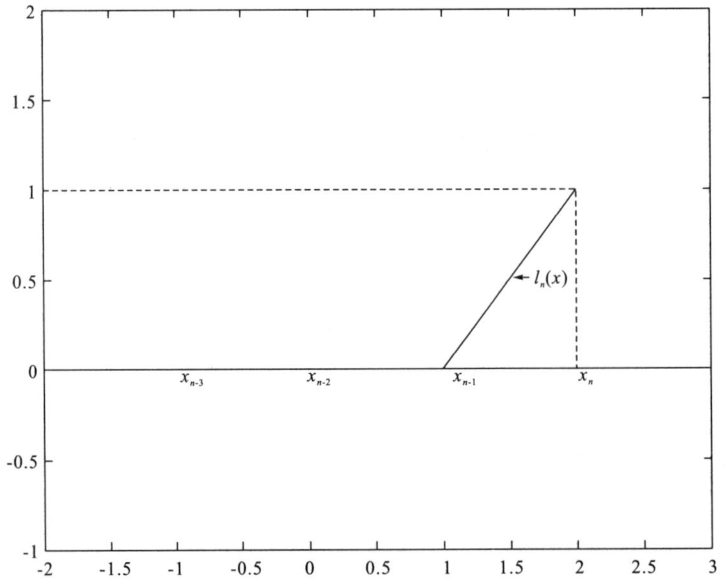

图 4—9　山形函数 $l_n(x)$

令 $S(x)=\sum_{i=0}^{n} y_i \cdot l_i(x)$，则易验证 $S(x)$ 满足条件(1)、(2)，显然 $S(x)$ 是 $[a, b]$ 上的连续函数且容易证得定理 4.7.

定理 4.7　设 $f(x)\in C^2_{[a,b]}$，则 $\forall x\in[a, b]$，有 $|f(x)-S(x)|\leqslant \frac{h^2}{8}\max_{a\leqslant y\leqslant b}|f''(y)|$，其中 $h=\max_{0\leqslant i\leqslant n-1}|x_{i+1}-x_i|$.

§4.6.3　分段三次 Hermite 插值

分段线性插值并不能保证插值节点处的光滑性，于是我们引进能保证相对光滑的分段三次 Hermite 插值.

给定$[a, b]$上的分点$a=x_0<x_1<\cdots<x_i<\cdots<x_n=b$，$f(x)\in C_{[a,b]}$，且$f(x_i)=y_i$，$f'(x_i)=m_i(i=0, 1, \cdots, n)$，求分段三次插值多项式$S(x)$，使之满足

(1) $S(x_i)=y_i$，$S'(x_i)=m_i$ $(i=0, 1, \cdots, m)$.

(2) $S(x)$在每个小区间 $[x_i, x_{i+1}]$ 上是三次多项式.

仿照分段线性插值，并结合 Hermite 插值的特点，令

$$h_0(x)=\begin{cases}\left(1+2\dfrac{x-x_0}{x_1-x_0}\right)\left(\dfrac{x-x_1}{x_0-x_1}\right)^2, & x_0\leqslant x\leqslant x_1\\ 0, & x_1<x\leqslant x_n\end{cases}.$$

$$h_i(x)=\begin{cases}\left(1+2\dfrac{x-x_i}{x_{i-1}-x_i}\right)\left(\dfrac{x-x_{i-1}}{x_i-x_{i-1}}\right)^2, & x_{i-1}<x\leqslant x_i\\ \left(1+2\dfrac{x-x_i}{x_{i+1}-x_i}\right)\left(\dfrac{x-x_{i-1}}{x_i-x_{i+1}}\right)^2, & x_i<x\leqslant x_{i+1}\\ 0, & [a, b]-(x_{i-1}, x_{i+1}]\end{cases}\quad (i=1, 2, \cdots, n-1).$$

$$h_n(x)=\begin{cases}\left(1+2\dfrac{x-x_n}{x_{n-1}-x_n}\right)\left(\dfrac{x-x_{n-1}}{x_n-x_{n-1}}\right)^2, & x_{n-1}<x\leqslant x_n\\ 0, & x_0\leqslant x\leqslant x_{n-1}\end{cases}.$$

$$H_0(x)=\begin{cases}x-x_0\left(\dfrac{x-x_1}{x_0-x_1}\right)^2, & x_0\leqslant x\leqslant x_1\\ 0, & x_1<x\leqslant x_n\end{cases}.$$

$$H_i(x)=\begin{cases}(x-x_i)\left(\dfrac{x-x_{i-1}}{x_i-x_{i-1}}\right)^2, & x_{i-1}<x\leqslant x_i\\ (x-x_i)\left(\dfrac{x-x_{i+1}}{x_i-x_{i+1}}\right)^2, & x_i<x\leqslant x_{i+1}\\ 0, & [a, b]-(x_{i-1}, x_{i+1}]\end{cases}\quad (i=1, 2, \cdots, n-1).$$

$$H_n(x)=\begin{cases}x-x_n\left(\dfrac{x-x_{n-1}}{x_n-x_{n-1}}\right)^2, & x_{n-1}<x\leqslant x_n\\ 0, & x_0\leqslant x\leqslant x_{n-1}\end{cases}.$$

则令 $S(x)=\sum\limits_{i=0}^{n}[y_ih_i(x)+m_iH_i(x)]$，$S(x)$必满足插值条件(1)、(2)且有如下定理.

定理 4.8　设 $f(x)\in C^4{}_{[a,b]}$，则 $\forall x\in[a, b]$ 有 $|f(x)-S(x)|\leqslant\dfrac{h^4}{384}M$，其中 $h=\max\limits_{0\leqslant i\leqslant n-1}|x_{i+1}-x_i|$，$M=\max\limits_{a\leqslant y\leqslant b}|f^{(4)}(y)|$.

§4.7 样条插值

分段三次 Hermite 插值是满足一定光滑性的插值多项式，但是需要知道每个节点处具体的函数值和导数值才能构造，"节点处导数值已知"这样一个条件较为苛刻，我们是否可以忽略此条件而构造出满足一定光滑性的插值多项式呢？下面我们讨论的样条插值就属于不需要知道各个节点处的导数值，但仍具有一定光滑性的插值多项式.

定义 4.3 设函数 $f(x)$是区间 $[a, b]$ 上的连续函数，在区间 $[a, b]$ 上给出一个划分

$$\Delta: a=x_0<x_1<\cdots<x_n=b,$$

如果函数 $S(x)$满足条件

(1) $S(x_j)=f(x_j)(j=0, 1, \cdots, n)$.

(2) 在每个小区间$[x_{j-1}, x_j](j=1, 2, \cdots, n)$上 $S(x)$是不超过一次的多项式.

(3) 在开区间(a, b)上 $S(x)$是连续函数.

则称 $S(x)$为 $[a, b]$ 上对应于划分 Δ 的一次样条函数.

显然，$f(x)$在 $[a, b]$ 上对应于节点 $x_i(i=0, 1, \cdots, n)$的分段线性插值多项式就是一次样条函数.

定义 4.4 设函数 $f(x)$是区间 $[a, b]$ 上的一阶连续函数，在区间 $[a, b]$ 上给出一个划分

$$\Delta: a=x_0<x_1<\cdots<x_n=b,$$

如果函数 $S(x)$满足条件

(1) $S(x_j)=f(x_j)(j=0, 1, \cdots, n)$.

(2) 在每个小区间$[x_{j-1}, x_j](j=1, 2, \cdots, n)$上 $S(x)$是不超过二次的多项式.

(3) 在开区间(a, b)上 $S(x)$是一阶连续函数.

则称 $S(x)$为 $[a, b]$ 上对应于划分 Δ 的二次样条函数.

设二次样条函数 $S(x)$在每个子区间(x_{j-1}, x_j)上有表达式

$$S(x)=S_j(x)=a_jx^2+b_jx+c_j, \ x\in(x_{j-1}, x_j)(j=1, 2, \cdots, n),$$

其中，a_j，b_j，c_j 为待定常数，则插值条件为

(1) $S(x_j)=f(x_j)$ $(j=0, 1, \cdots, n)$.

(2) $S(x)$在 $n-1$ 个内节点处连续且一阶导连续有

$$S(x_j-0)=S(x_j+0) \ (j=1, 2, \cdots, n-1).$$

$$S'(x_j-0)=S'(x_j+0) \ (j=1, 2, \cdots, n-1).$$

对于待定系数a_j，b_j，$c_j(j=1, 2, \cdots, n)$ 共 $3n$ 个未知系数，而插值条件为 $3n-1$ 个，因此需要补充一个条件才能唯一确定这些系数，这个补充条件称为边界条件. 例如可取左端点的二阶导数为零，即$a_1=0$，此时意味着连接前两个节点的是一条直线，连接后续相邻节点的是抛物线.

定义 4.5　设函数 $f(x)$是区间 $[a, b]$ 上的二阶连续函数，在区间 $[a, b]$ 上给出一个划分

$$\Delta: a=x_0<x_1<\cdots<x_n=b,$$

如果函数 $S(x)$满足条件

(1) $S(x_j)=f(x_j)(j=0, 1, \cdots, n)$.

(2) 在每个小区间$[x_{j-1}, x_j](j=1, 2, \cdots, n)$上 $S(x)$是不超过三次的多项式.

(3) 在开区间(a, b)上 $S(x)$是二阶连续函数.

则称 $S(x)$为 $[a, b]$ 上对应于划分 Δ 的三次样条函数.

设三次样条函数 $S(x)$在每个子区间(x_{j-1}, x_j)上有如下的三次多项式表达

$$S(x)=S_j(x)=a_jx^3+b_jx^2+c_jx+d_j, x\in(x_{j-1}, x_j)(j=1, 2, \cdots, n).$$

其中，a_j, b_j, c_j, d_j 为待定常数，则 $S(x)$可写为如下分段函数形式

$$S(x)=\begin{cases} S_1(x) \\ S_2(x) \\ \vdots \\ S_n(x) \end{cases} \tag{4.17}$$

且 $S(x)$的插值条件为

(1) $S(x_j)=f(x_j)=y_j$, $j=0, 1, \cdots, n$. (4.18)

(2) $S(x)$在 $n-1$ 个内节点处连续、一阶导连续且二阶导连续，于是有

$$S(x_j-0)=S(x_j+0), j=1, 2, \cdots, n-1.$$

$$S'(x_j-0)=S'(x_j+0), j=1, 2, \cdots, n-1.$$

$$S''(x_j-0)=S''(x_j+0), j=1, 2, \cdots, n-1.$$

此处待定系数a_j, b_j, c_j, $d_j(j=1, 2, \cdots, n)$ 共有 $4n$ 个未知系数，而插值条件有 $4n-2$ 个，因此需要在两个端点各补充一个条件才能唯一确定这些系数，这个补充条件称为边界条件. 边界条件通常有下列补充方式.

(1) 第一类边界条件：给定两端点处的一阶导数值

$$S'(x_0)=f'(x_0), S'(x_n)=f'(x_n). \tag{4.19}$$

此类边界条件称为固支边界条件.

(2) 第二类边界条件：给定两端点处的二阶导数值

$$S''(x_0)=f''(x_0), S''(x_n)=f''(x_n). \tag{4.20}$$

此类边界条件的特例是$S''(x_0)=S''(x_n)=0$，叫做自然边界条件，满足自然边界的样条函数称为自然样条. 自然三次样条是通过所有数据点的插值函数中总曲率最小的唯一函数，因此它也是插值所有数据点的最光滑的函数.

(3) 第三类边界条件：当 $f(x)$是以 $b-a$ 为周期的周期函数时，要求 $S(x)$也是周期函数，此时有三个边界条件

$$S(x_n-0)=S(x_0+0).$$

$$S'(x_n-0)=S'(x_0+0).$$

$$S''(x_n-0)=S''(x_0+0).$$

注意：周期边界情况下，式(4.18)中有 $S(x_0)=S(x_n)=f(x_0)$，从而$S(x_n-0)$

$=S(x_0+0)$必然满足，故上面起本质作用的是后两个条件.

事实上基于前述三类边界条件，均可以证明“三次样条插值问题的解存在且唯一”，那么如何高效地把样条函数找出来呢？接下来我们分别将三类具体的边界条件与样条函数的工程物理背景相结合来讨论三次样条函数的构造方法. 常见的构造方法有三弯矩法和三转角法.

引入参数$M_j=S''(x_j)(j=0,1,\cdots,n)$，$h_j=x_j-x_{j-1}$. 我们只需要分段确定$S(x)$，即确定$S_j(x)(j=1,2,\cdots,n)$就可以了，由于$S_j(x)$是三次多项式，故$S_j''(x)$是线性函数，且$S_j''(x_{j-1})=M_{j-1}$，$S_j''(x_j)=M_j$，利用一次拉格朗日插值公式可得

$$S_j''(x)=\frac{x_j-x}{h_j}M_{j-1}+\frac{x-x_{j-1}}{h_j}M_j, \tag{4.21}$$

将(4.21)积分两次得

$$S_j(x)=\frac{(x_j-x)^3}{6h_j}M_{j-1}+\frac{(x-x_{j-1})^3}{6h_j}M_j+C_1x+C_2.$$

由插值条件(4.18)有$S_j(x_{j-1})=y_{j-1}$，$S_j(x_j)=y_j$，代入上式可确定积分常数并得到

$$S_j(x)=\frac{(x_j-x)^3}{6h_j}M_{j-1}+\frac{(x-x_{j-1})^3}{6h_j}M_j+\left(y_{j-1}-\frac{M_{j-1}h_j^2}{6}\right)\frac{x_j-x}{h_j}+\left(y_j-\frac{M_jh_j^2}{6}\right)\frac{x-x_{j-1}}{h_j}(j=1,2,\cdots,n).$$

下面来确定参数$M_j(j=0,1,\cdots,n)$. 首先对$S_j(x)$求导得

$$S_j'(x)=\frac{(x_j-x)^2}{-2h_j}M_{j-1}+\frac{(x-x_{j-1})^2}{2h_j}M_j+\frac{y_j-y_{j-1}}{h_j}+\frac{M_{j-1}-M_j}{6}h_j \quad (j=1,2,\cdots,n). \tag{4.22}$$

利用式(4.22)可得

$$S_{j+1}'(x)=\frac{(x_{j+1}-x)^2}{-2h_{j+1}}M_j+\frac{(x-x_j)^2}{2h_{j+1}}M_{j+1}+\frac{y_{j+1}-y_j}{h_{j+1}}+\frac{M_j-M_{j+1}}{6}h_{j+1} \quad (j=1,2,\cdots,n-1). \tag{4.23}$$

由式(4.22)得$S'(x)$在x_j处左极限

$$\begin{aligned}S'(x_j-0)=S_j'(x_j-0)&=\frac{h_j}{2}M_j+\frac{y_j-y_{j-1}}{h_j}+\frac{M_{j-1}-M_j}{6}h_j\\&=\frac{h_j}{6}M_{j-1}+\frac{h_j}{3}M_j+\frac{y_j-y_{j-1}}{h_j}.\end{aligned} \tag{4.24}$$

由式(4.23)得$S'(x)$在x_j处右极限

$$\begin{aligned}S'(x_j+0)=S_{j+1}'(x_j+0)&=\frac{h_{j+1}}{-2}M_j+\frac{y_{j+1}-y_j}{h_{j+1}}+\frac{M_j-M_{j+1}}{6}h_{j+1}\\&=\frac{h_{j+1}}{-3}M_j+\frac{h_{j+1}}{-6}M_{j+1}+\frac{y_{j+1}-y_j}{h_{j+1}}.\end{aligned} \tag{4.25}$$

由于在内节点$x_j(j=1,2,\cdots,n-1)$处$S(x)$一阶导连续，有

$$S'(x_j-0)=S'(x_j+0).$$

可得 $n-1$ 个方程

$$\mu_j M_{j-1}+2M_j+\lambda_j M_{j+1}=d_j(j=1,\ 2,\ \cdots,\ n-1), \tag{4.26}$$

其中

$$\begin{cases}\mu_j=\dfrac{h_j}{h_j+h_{j+1}}\\ \lambda_j=\dfrac{h_{j+1}}{h_j+h_{j+1}}\\ d_j=\dfrac{6}{h_j+h_{j+1}}\left(\dfrac{y_{j+1}-y_j}{h_{j+1}}-\dfrac{y_j-y_{j-1}}{h_j}\right)=6f\,[x_{j-1},\ x_j,\ x_{j+1}]\end{cases}. \tag{4.27}$$

式(4.26)是关于 $n+1$ 个未知参数的 $n-1$ 个方程，还需补充两个边界条件才能求解.

如果补充第二类边界条件(4.20)有 $S''(x_0)=f''(x_0)$，$S''(x_n)=f''(x_n)$，即 $M_0=f''(x_0)$，$M_n=f''(x_n)$，代入(4.26)可得包含 $n-1$ 个方程，$n-1$ 个未知数的方程组如下：

$$\begin{bmatrix}2 & \lambda_1 & & & \\ \mu_2 & 2 & \lambda_2 & & \\ & \ddots & \ddots & \ddots & \\ & & \mu_{n-2} & 2 & \lambda_{n-2}\\ & & & \mu_{n-1} & 2\end{bmatrix}\begin{bmatrix}M_1\\ M_2\\ \vdots\\ M_{n-2}\\ M_{n-1}\end{bmatrix}=\begin{bmatrix}d_1-\mu_1 f''(x_0)\\ d_2\\ \vdots\\ d_{n-2}\\ d_{n-1}-\lambda_{n-1}f''(x_n)\end{bmatrix} \tag{4.28}$$

如果补充第一类边界条件(4.19)有 $S'(x_0)=f'(x_0)$，$S'(x_n)=f'(x_n)$. 利用(4.22)可得

$$f'(x_0)=\frac{h_1^2}{-2h_1}M_0+\frac{y_1-y_0}{h_1}+\frac{M_0-M_1}{6}h_1.$$

即

$$2M_0+M_1=\frac{6}{h_1}\left(\frac{y_1-y_0}{h_1}-f'(x_0)\right)\triangleq d_0. \tag{4.29}$$

同理可得

$$M_{n-1}+2M_n=\frac{6}{h_n}\left(f'(x_n)-\frac{y_n-y_{n-1}}{h_n}\right)\triangleq d_n. \tag{4.30}$$

式(4.26)、(4.29)和(4.30)联合构成了关于 $n+1$ 个未知参数和 $n+1$ 个方程的方程组如下：

$$\begin{bmatrix}2 & 1 & & & \\ \mu_1 & 2 & \lambda_1 & & \\ & \ddots & \ddots & \ddots & \\ & & \mu_{n-1} & 2 & \lambda_{n-1}\\ & & & 1 & 2\end{bmatrix}\begin{bmatrix}M_0\\ M_1\\ \vdots\\ M_{n-1}\\ M_n\end{bmatrix}=\begin{bmatrix}d_0\\ d_1\\ \vdots\\ d_{n-1}\\ d_n\end{bmatrix} \tag{4.31}$$

容易验证其系数矩阵严格对角占优，故有唯一解，并可用追赶法求解。

如果补充第三类边界条件，由 $S''(x_n-0)=S''(x_0+0)$ 可得

$$M_0 = M_n. \tag{4.32}$$

由$S'(x_n - 0) = S'(x_0 + 0)$可得

$$\lambda_n M_1 + \mu_n M_{n-1} + 2M_n = d_n, \tag{4.33}$$

其中

$$\begin{cases} \mu_n = \dfrac{h_n}{h_1 + h_n} \\ \lambda_n = \dfrac{h_1}{h_1 + h_n} \\ d_n = \dfrac{6}{h_1 + h_n}\left(\dfrac{y_1 - y_0}{h_1} - \dfrac{y_n - y_{n-1}}{h_n}\right) \end{cases}. \tag{4.34}$$

式(4.32)、(4.33)和(4.26)联合构成了关于n个未知参数和n个方程的方程组：

$$\begin{bmatrix} 2 & \lambda_1 & & & \mu_1 \\ \mu_2 & 2 & \lambda_2 & & \\ & \ddots & \ddots & \ddots & \\ & & \mu_{n-1} & 2 & \lambda_{n-1} \\ \lambda_n & & & \mu_{n-1} & 2 \end{bmatrix} \begin{bmatrix} M_1 \\ M_2 \\ \vdots \\ M_{n-1} \\ M_n \end{bmatrix} = \begin{bmatrix} d_1 \\ d_2 \\ \vdots \\ d_{n-1} \\ d_n \end{bmatrix} \tag{4.35}$$

注意，式(4.35)的系数矩阵中每一行均有且仅有三个非零元素.

由于力学上将M_j解释为梁在截面x_j处的弯矩，且方程组中的每个方程最多出现三个M_j，故通常将式(4.28)、(4.31)和(4.35)称为三弯矩方程.

类似地，也可引入参数$m_j = S'(x_j)(j = 0, 1, \cdots, n)$，$h_j = x_j - x_{j-1}$，建立相应的方程组，其中$m_j$解释为梁在截面$x_j$处的转角，故所得方程也称为三转角方程.

三次样条插值不会出现拉格朗日插值里的“龙格现象”，而且节点增多的时候不仅样条函数收敛于被插值函数本身，而且其导数也收敛到被插值函数的导函数，这是它的一大优越性. 图4－10就是取自然边界条件的三次样条函数逼近$f(x) = \dfrac{1}{1+x^2}$的效果图.

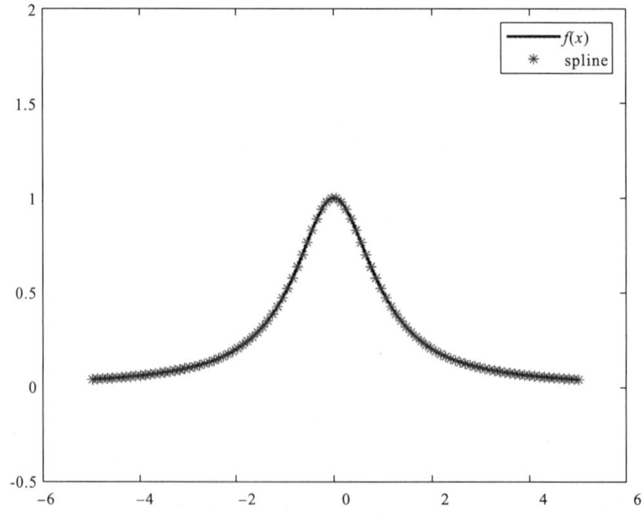

图4－10 样条逼近效果图

三次样条插值函数的余项估计有如下结论：

定理 4.8　设 $f(x)\in C^4[a,b]$，$S(x)$ 为满足边界条件（4.19）或（4.20）的三次样条插值函数，令 $h_i=x_i-x_{i-1}(i=1,2,\cdots,n)$，$h=\max\limits_{1\leqslant i\leqslant n}h_i$，则

$$\max_{a\leqslant x\leqslant b}|f^{(k)}(x)-S^{(k)}(x)|\leqslant C_k\max_{a\leqslant x\leqslant b}|f^{(4)}(x)|h^{4-k},\ k=0,1,2. \quad (4.36)$$

其中，$C_0=\dfrac{5}{384}$，$C_1=\dfrac{1}{24}$，$C_2=\dfrac{3}{8}$.

这个结论将是我们在数值微分部分构造被插值函数在某点处一阶、二阶导数近似公式的理论依据.

§4.8　最小二乘法

在工程实践中经常需要从一组大批量的观测数据$(x_i, y_i)(i=1,2,\cdots,m)$去预测 $y=f(x)$的表达式，其中 $f(x)$所在的函数类是已知的或者是能够从数据点观测出来的.

利用最小二乘法处理大批量的带误差的观测数据已经是一种成熟的方法，该方法由法国数学家勒让德在处理天文观测数据过程中于 1805 年首次公开发表，其间德国数学家高斯也独立应用过该方法，最终由其发展并完善了整个理论.

§4.8.1　直线拟合

已知 xOy 平面上有一组数据点$(x_i, y_i)(i=1,2,\cdots,m)$，观察发现该数据点大致成直线分布，于是我们考虑从函数集合$\{y=\hat{f}(x)\,|\,\hat{f}(x)=ax+b,\ a,b\in\mathbf{R}\}$中找一函数来拟合这批数据点，令 $e_i=y_i-\hat{f}(x_i)=y_i-(ax_i+b)(i=1,2,\cdots,m)$，称 e_i 为 $y=ax+b$ 在 x_i 处的残差，它反映了拟合直线 $\hat{f}(x)$在 x_i 处对 $f(x)$拟合的好坏程度，那么怎样衡量 $\hat{f}(x)$在总体上对 $f(x)$拟合的好坏呢？常有如下三种准则：

（1）残差的最大绝对值$\max\limits_{1\leqslant i\leqslant m}|e_i|$达最小.

（2）残差的绝对值之和 $\sum\limits_{i=1}^{m}|e_i|$ 达最小.

（3）残差的平方和 $\sum\limits_{i=1}^{m}e_i^2$ 达最小.

通常，为了计算方便我们常采用第三条准则来寻找 $\hat{f}(x)$.

“直线拟合的最小二乘法”就是从集合$\{y=\hat{f}(x)\,|\,\hat{f}(x)=ax+b,\ a,b\in\mathbf{R}\}$中寻找一条直线，使得残差平方和达最小，即对于给定的数据点(x_i, y_i)，$i=1,2,\cdots,m$，求一次多项式 $y=ax+b$，使得 $Q(a,b)=\sum\limits_{i=1}^{m}[y_i-(ax_i+b)]^2$ 达最小.

用多元函数求极值的思想求出 Q 的极小点所满足的方程组

$$\begin{cases}\dfrac{\partial Q}{\partial a}=0\\ \dfrac{\partial Q}{\partial b}=0\end{cases}.$$

计算偏导数后得

$$\begin{cases}b\cdot n+a\cdot\sum_{i=1}^{m}x_i=\sum_{i=1}^{m}y_i\\ b\cdot\sum_{i=1}^{m}x_i+a\cdot\sum_{i=1}^{m}x_i^{\,2}=\sum_{i=1}^{m}x_iy_i\end{cases}. \tag{4.37}$$

解式(4.37)可得 $a=a_0$，$b=b_0$，于是最小二乘解为 $y=a_0x+b_0$.

例 4.8.1 已知一组实验数据如下表

x_i	-1	0	1	2
y_i	-0.9	1	3	5.1

试建立 x 与 y 之间的函数关系.

解：观察得知 x、y 之间呈线性关系，故设

$$y=ax+b.$$

令

$$e_i=y_i-(ax_i+b),\ Q(a,b)=\sum_{i=1}^{m}e_i^{\,2},$$

最小二乘原理就是求 a，b，使得 $Q(a,b)$达到最小.

令

$$\begin{cases}\dfrac{\partial Q}{\partial a}=0\\ \dfrac{\partial Q}{\partial b}=0\end{cases},$$

得方程组

$$\begin{cases}4b+2a=8.2\\ 2b+6a=14.1\end{cases}.$$

解之得

$$a=2, b=1.05.$$

∴最小二乘解为

$$y=2x+1.05.$$

§4.8.2 多项式拟合

某些情况下我们需要用一条不超过 n 次的代数曲线来拟合数据点(x_i, y_i)，$i=1$，2，…，m. 用代数语言描述多项式拟合的最小二乘法就是从集合 $\{y=\hat{f}(x)\mid\hat{f}(x)=a_0+a_1x+a_2x^2+\cdots+a_nx^n,\ a_i\in\mathbf{R},\ i=0,1,\cdots,n\}$中找一个多

项式 $\hat{f}(x)=\sum_{j=0}^{n}a_jx^j$ 使残差平方和 $Q(a_0, a_1, \cdots, a_n)=\sum_{i=1}^{m}\left(y_i-\sum_{j=0}^{n}a_jx_i^j\right)^2$ 达到最小，称 $\hat{f}(x)$ 为多项式拟合的最小二乘解.

令

$$\frac{\partial Q}{\partial a_j}=0(j=0, 1, \cdots, n),$$

得

$$\sum_{i=1}^{m}\left(y_i-\sum_{j=0}^{n}a_jx_i^j\right)\cdot x_i^j=0\ (j=0, 1, \cdots, n).$$

即

$$\begin{cases} a_0\cdot m+a_1\sum_{i=1}^{m}x_i+\cdots+a_n\sum_{i=1}^{m}x_i^{\,n}=\sum_{i=1}^{m}y_i \\ a_0\cdot\sum_{i=1}^{m}x_i+a_1\sum_{i=1}^{m}x_i^{\,2}+\cdots+a_n\sum_{i=1}^{m}x_i^{\,n+1}=\sum_{i=1}^{m}x_iy_i \\ \vdots \\ a_0\cdot\sum_{i=1}^{m}x_i^{\,n}+a_1\sum_{i=1}^{m}x_i^{\,n+1}+\cdots+a_n\sum_{i=1}^{m}x_i^{\,2n}=\sum_{i=1}^{m}x_i^{\,n}y_i \end{cases}, \tag{4.38}$$

称式(4.38)为正则方程组，解此方程组就可最终获得最小二乘解. 式(4.38)的矩阵形式为

$$\begin{bmatrix} \sum_{i=1}^{m}1 & \sum_{i=1}^{m}x_i & \cdots & \sum_{i=1}^{m}x_i^n \\ \sum_{i=1}^{m}x_i & \sum_{i=1}^{m}x_i^2 & \cdots & \sum_{i=1}^{m}x_i^{n+1} \\ \vdots & \vdots & & \vdots \\ \sum_{i=1}^{m}x_i^n & \sum_{i=1}^{m}x_i^{n+1} & \cdots & \sum_{i=1}^{m}x_i^{2n} \end{bmatrix}\begin{bmatrix} a_0 \\ a_1 \\ \vdots \\ a_n \end{bmatrix}=\begin{bmatrix} \sum_{i=1}^{m}y_i \\ \sum_{i=1}^{m}y_ix_i \\ \vdots \\ \sum_{i=1}^{m}y_ix_i^n \end{bmatrix}. \tag{4.39}$$

§4.8.3　超定方程组的最小二乘解

令

$$\hat{f}(x)=a_0+a_1x+a_2x^2+\cdots a_nx^n,$$
$$\boldsymbol{y}=[y_1, y_2, \cdots, y_m]^{\mathrm{T}},$$
$$\boldsymbol{f}=[\hat{f}(x_1), \hat{f}(x_2), \cdots, \hat{f}(x_m)]^{\mathrm{T}},$$

则 $\boldsymbol{f}=\boldsymbol{y}$ 是关于 a_0，a_1，…，a_n 的方程组，当 $m>n+1$ 且方程组无解时，这是一个方程个数 m 大于未知量个数 $n+1$ 的超定方程组(或矛盾方程组).

设 $\boldsymbol{r}=[r_1, r_2, \cdots, r_m]^{\mathrm{T}}$，定义 $\|\boldsymbol{r}\|_2^2=r_1^2+r_2^2+\cdots+r_m^2$.

令 $\boldsymbol{r}=\boldsymbol{f}-\boldsymbol{y}$，则

$$\|r\|_2^2=\sum_{i=1}^{m}r_i^2=\sum_{i=1}^{m}(y_i-\hat{f}(x_i))^2$$

$$= \sum_{i=1}^{m}\left(y_i - \sum_{j=0}^{n} a_j x_i^j\right)^2$$
$$= Q(a_0, a_1, \cdots, a_n).$$

注意到 $\boldsymbol{r}$ 的第 i 个分量就是 $\hat{f}(x)$ 在第 i 个数据点处的残差，因此，$Q(a_0, a_1, \cdots, a_n)$ 的最小点必然是使 $\|\boldsymbol{r}\|_2^2$ 达最小的点，反之亦然. 所以，我们可以通过求 $\|\boldsymbol{r}\|_2^2$ 的最小点来达到求多项式的最小二乘解的目的.

一般地，设 $\boldsymbol{Ax}=\boldsymbol{b}$ 中 $\boldsymbol{A}=(a_{ij})_{m\times(n+1)}$，$\boldsymbol{b}$ 是 m 维已知向量，当 $m>n+1$ 且方程组无解时，此方程组称为超定方程组或矛盾方程组，记 $\boldsymbol{r}=\boldsymbol{Ax}-\boldsymbol{b}$，定义使 $\|\boldsymbol{r}\|_2^2$ 达最小的向量 $\boldsymbol{x}^*$ 为 $\boldsymbol{Ax}=\boldsymbol{b}$ 的最小二乘解.

即：最小二乘解 $\boldsymbol{x}^*$ 满足

$$\|\boldsymbol{Ax}^* - \boldsymbol{b}\|_2^2 = \min_{\forall \boldsymbol{x}\in\mathbf{R}^n} \|\boldsymbol{Ax}-\boldsymbol{b}\|_2^2. \tag{4.40}$$

定义 4.6 称 $\boldsymbol{A}^{\mathrm{T}}\boldsymbol{Ax}=\boldsymbol{A}^{\mathrm{T}}\boldsymbol{b}$ 为 $\boldsymbol{Ax}=\boldsymbol{b}$ 的法方程组或正则方程组.

引理 向量 $\boldsymbol{x}^*$ 为 $\boldsymbol{Ax}=\boldsymbol{b}$ 的最小二乘解的充要条件是 $\boldsymbol{x}^*$ 为法方程组 $\boldsymbol{A}^{\mathrm{T}}\boldsymbol{Ax}^*=\boldsymbol{A}^{\mathrm{T}}\boldsymbol{b}$ 的解.

证明：充分性

对任意 $\boldsymbol{y}\neq 0$，$\tilde{\boldsymbol{x}}=\boldsymbol{x}^*+\boldsymbol{y}$ 时，

$$\begin{aligned}
\|\boldsymbol{A}\tilde{\boldsymbol{x}}-\boldsymbol{b}\|_2^2 &= (\boldsymbol{A}\tilde{\boldsymbol{x}}-\boldsymbol{b})^{\mathrm{T}}(\boldsymbol{A}\tilde{\boldsymbol{x}}-\boldsymbol{b}) = (\boldsymbol{Ax}^*+\boldsymbol{Ay}-\boldsymbol{b})^{\mathrm{T}}(\boldsymbol{Ax}^*+\boldsymbol{Ay}-\boldsymbol{b})\\
&= [(\boldsymbol{Ax}^*-\boldsymbol{b})^{\mathrm{T}}+(\boldsymbol{Ay})^{\mathrm{T}}]\cdot[(\boldsymbol{Ax}^*-\boldsymbol{b})+(\boldsymbol{Ay})]\\
&= (\boldsymbol{Ax}^*-\boldsymbol{b})^{\mathrm{T}}(\boldsymbol{Ax}^*-\boldsymbol{b})+(\boldsymbol{Ax}^*-\boldsymbol{b})^{\mathrm{T}}(\boldsymbol{Ay})+(\boldsymbol{Ay})^{\mathrm{T}}(\boldsymbol{Ax}^*-\boldsymbol{b})+\\
&\quad (\boldsymbol{Ay})^{\mathrm{T}}(\boldsymbol{Ay})\\
&= \|\boldsymbol{Ax}^*-\boldsymbol{b}\|_2^2+2(\boldsymbol{Ay})^{\mathrm{T}}(\boldsymbol{Ax}^*-\boldsymbol{b})+\|\boldsymbol{Ay}\|_2^2\\
&= \|\boldsymbol{Ax}^*-\boldsymbol{b}\|_2^2+2\boldsymbol{y}^{\mathrm{T}}(\boldsymbol{A}^{\mathrm{T}}\boldsymbol{Ax}^*-\boldsymbol{A}^{\mathrm{T}}\cdot\boldsymbol{b})+\|\boldsymbol{Ay}\|_2^2\\
&= \|\boldsymbol{Ax}^*-\boldsymbol{b}\|_2^2+\|\boldsymbol{Ay}\|_2^2\\
&\geqslant \|\boldsymbol{Ax}^*-b\|_2^2.
\end{aligned}$$

必要性

由于

$$r_i = \left(\sum_{j=1}^{n+1} a_{ij}x_{j-1}\right) - b_i \ (i=1, 2, \cdots, m)$$

故

$$\|\boldsymbol{r}\|_2^2 = \sum_{i=1}^{m} r_i^{\ 2} = \sum_{i=1}^{m}\left(\sum_{j=1}^{n+1} a_{ij}x_{j-1} - b_i\right)^2 = Q(x_1, x_2, \cdots, x_n).$$

为使上式达最小，只需要满足

$$\begin{aligned}
\frac{\partial Q}{\partial x_k} &= \sum_{i=1}^{m} 2\left(\sum_{j=1}^{n+1} a_{ij}x_{j-1} - b_i\right)a_{ik} = 2\sum_{i=1}^{m}\left(\sum_{j=1}^{n+1} a_{ij}x_{j-1}a_{ik} - b_i a_{ik}\right)\\
&= 2\sum_{i=1}^{m}\left(\sum_{j=1}^{n+1} a_{ij}a_{ik}x_{j-1}\right) - 2\sum_{i=1}^{m} a_{ik}b_i = 0. \ (k=1, 2, \cdots, n)
\end{aligned}$$

即

$$\sum_{i=1}^{m} a_{ik}\left(\sum_{j=1}^{n+1} a_{ij}x_{j-1}\right) = \sum_{i=1}^{m} a_{ik}b_i \ (k=1, 2, \cdots, n).$$

将上式写为矩阵形式即为$\boldsymbol{A}^{\mathrm{T}}\boldsymbol{A}\boldsymbol{x}=\boldsymbol{A}^{\mathrm{T}}\boldsymbol{b}$，必要性得证.

引理　$\forall \boldsymbol{A}=(a_{ij})_{m\times(n+1)}\in\mathbf{R}^{m\times(n+1)}$，$\boldsymbol{x}=(x_0, x_1, \cdots, x_n)^{\mathrm{T}}$，则$\forall \boldsymbol{b}\in\mathbf{R}^{m\times 1}$，线性方程组$\boldsymbol{A}^{\mathrm{T}}\boldsymbol{A}\boldsymbol{x}=\boldsymbol{A}^{\mathrm{T}}\boldsymbol{b}$ 恒有解.

证明过程见参考文献［2］.

注意：仔细分析可以发现，方程组$\boldsymbol{A}^{\mathrm{T}}\boldsymbol{A}\boldsymbol{x}=\boldsymbol{A}^{\mathrm{T}}\boldsymbol{b}$ 等价于式(4.38).

例 4.8.2　试用超定方程组解例 4.8.1.

解：x 与 y 呈线性关系，故设 $y=ax+b$.

建立超定方程组如下

$$\begin{cases} -0.9=a\times(-1)+b \\ 1=a\times 0+b \\ 3=a\times 1+b \\ 5.1=a\times 2+b \end{cases},$$

写为矩阵形式

$$\begin{bmatrix} -1 & 1 \\ 0 & 1 \\ 1 & 1 \\ 2 & 1 \end{bmatrix}\begin{bmatrix} a \\ b \end{bmatrix}=\begin{bmatrix} -0.9 \\ 1 \\ 3 \\ 5.1 \end{bmatrix},$$

其最小二乘解为如下方程组的解

$$\begin{bmatrix} -1 & 0 & 1 & 2 \\ 1 & 1 & 1 & 1 \end{bmatrix}\begin{bmatrix} -1 & 1 \\ 0 & 1 \\ 1 & 1 \\ 2 & 1 \end{bmatrix}\begin{bmatrix} a \\ b \end{bmatrix}=\begin{bmatrix} -1 & 0 & 1 & 2 \\ 1 & 1 & 1 & 1 \end{bmatrix}\begin{bmatrix} -0.9 \\ 1 \\ 3 \\ 5.1 \end{bmatrix}.$$

即

$$\begin{bmatrix} 6 & 2 \\ 2 & 4 \end{bmatrix}\begin{bmatrix} a \\ b \end{bmatrix}=\begin{bmatrix} 14.1 \\ 8.2 \end{bmatrix}.$$

解之得

$$a=2,\ b=1.05.$$

$\therefore y=2x+1.05$.

§ 4.8.4　一般的最小二乘拟合问题

对于一批给定的数据$(x_i, y_i)(i=1, 2, \cdots, m)$，我们用什么样的函数$\hat{f}(x)$去拟合这些数据呢？一般地，我们总是事先给定一个函数空间 $\Omega=\{\hat{f}(x)=a_0\varphi_0(x)+\cdots+a_n\varphi_n(x)\}$，函数组 $\varphi_0(x)$，$\varphi_1(x)$，…，$\varphi_n(x)$线性无关，被称为基函数组，常用的基函数组有 1，x，x^2，…，x^n；$\sin x$，$\sin 2x$，$\sin 3x$，…，$\sin nx$ 等.

最小二乘法就是按照“二乘标准”从 Ω 里选取最优的 $\hat{f}(x)$作为拟合数据的最小二乘解，首先建立如下超定方程组

$$\begin{cases} a_0\varphi_0(x_1)+a_1\varphi_1(x_1)+\cdots+a_n\varphi_n(x_1)=y_1 \\ a_0\varphi_0(x_2)+a_1\varphi_1(x_2)+\cdots+a_n\varphi_n(x_2)=y_2 \\ \vdots \\ a_0\varphi_0(x_m)+a_1\varphi_1(x_m)+\cdots+a_n\varphi_n(x_m)=y_m \end{cases},$$

将其写为矩阵形式

$$\begin{bmatrix} \varphi_0(x_1) & \varphi_1(x_1) & \cdots & \varphi_n(x_1) \\ \varphi_0(x_2) & \varphi_1(x_2) & \cdots & \varphi_n(x_2) \\ \vdots & \vdots & & \vdots \\ \varphi_0(x_m) & \varphi_1(x_m) & \cdots & \varphi_n(x_m) \end{bmatrix} \begin{bmatrix} a_0 \\ a_1 \\ \vdots \\ a_n \end{bmatrix} = \begin{bmatrix} y_1 \\ y_2 \\ \vdots \\ y_m \end{bmatrix}.$$

$m>n+1$ 时，此矛盾方程组的最小二乘解为如下方程组的解

$$\begin{bmatrix} \varphi_0(x_1) & \varphi_0(x_2) & \cdots & \varphi_0(x_m) \\ \varphi_1(x_1) & \varphi_1(x_2) & \cdots & \varphi_1(x_m) \\ \vdots & \vdots & & \vdots \\ \varphi_n(x_1) & \varphi_n(x_2) & \cdots & \varphi_n(x_m) \end{bmatrix} \begin{bmatrix} \varphi_0(x_1) & \varphi_1(x_1) & \cdots & \varphi_n(x_1) \\ \varphi_0(x_2) & \varphi_1(x_2) & \cdots & \varphi_n(x_2) \\ \vdots & \vdots & & \vdots \\ \varphi_0(x_m) & \varphi_1(x_m) & \cdots & \varphi_n(x_m) \end{bmatrix} \begin{bmatrix} a_0 \\ a_1 \\ \vdots \\ a_n \end{bmatrix}$$

$$= \begin{bmatrix} \varphi_0(x_1) & \varphi_0(x_2) & \cdots & \varphi_0(x_m) \\ \varphi_1(x_1) & \varphi_1(x_2) & \cdots & \varphi_1(x_m) \\ \vdots & \vdots & & \vdots \\ \varphi_n(x_1) & \varphi_n(x_2) & \cdots & \varphi_n(x_m) \end{bmatrix} \begin{bmatrix} y_1 \\ y_2 \\ \vdots \\ y_m \end{bmatrix}.$$

令

$$(\varphi_i,\varphi_j)=\sum_{k=1}^{m}\varphi_i(x_k)\cdot\varphi_j(x_k),(i,j=0,\cdots,n),$$

$$(\varphi_i,\hat{f})=\sum_{k=1}^{m}\varphi_i(x_k)\cdot y_k,(i=1,\cdots,m)$$

则上述方程组变为如下同解方程组

$$\begin{bmatrix} (\varphi_0,\ \varphi_0) & (\varphi_0,\ \varphi_1) & \cdots & (\varphi_0,\ \varphi_n) \\ (\varphi_1,\ \varphi_0) & (\varphi_1,\ \varphi_1) & \cdots & (\varphi_1,\ \varphi_n) \\ \vdots & \vdots & & \vdots \\ (\varphi_n,\ \varphi_0) & (\varphi_n,\ \varphi_1) & \cdots & (\varphi_n,\ \varphi_n) \end{bmatrix} \begin{bmatrix} a_0 \\ a_1 \\ \vdots \\ a_n \end{bmatrix} = \begin{bmatrix} (\varphi_0,\ \hat{f}) \\ (\varphi_1,\ \hat{f}) \\ \vdots \\ (\varphi_n,\ \hat{f}) \end{bmatrix}, \tag{4.41}$$

式(4.41)称为一般最小二乘问题的正则方程组.

例 4.8.3 在某电路实验中，测得电压 V 与电流 I 的一组数据如下：

V	1	2	3	4	5	6	7	8
I	15.3	20.5	27.4	36.6	49.1	65.6	87.8	117.6

试用最小二乘法拟合以上数据.

解：将数据在 xOy 坐标系中描出，发现它们近似构成一条指数曲线，故取 $I=a\cdot e^{bV}$(a，b 为常数)作为拟合数据的函数模型，由于这是一个非线性模型，因此先设法将其线性化.

对函数 $I=a\cdot e^{bV}$ 两端取对数有

$$\ln I=\ln a+bV,$$

令 $A=\ln a$，$y=\ln I$，有

$$y=A+b\cdot V,$$

且获得新的数据表

V_i	1	2	3	4	5	6	7	8
$y_i=\ln(I_i)$	2.7279	3.0204	3.3105	3.6000	3.8939	4.1836	4.4951	4.7673

利用式(4.39)有

$$\begin{bmatrix}8 & 36\\36 & 204\end{bmatrix}\begin{bmatrix}A\\b\end{bmatrix}=\begin{bmatrix}29.9987\\147.2754\end{bmatrix},$$

解之得

$$A=2.4368,\ b=0.2912,$$

$$a=e^A=11.4369.$$

故

$$I=11.4369e^{0.2912V}.$$

例 4.8.4　用最小二乘法求一个形如 $y=a+bx^2$ 的经验公式，使它与下列数据相拟合.

x_i	19	25	31	38	44
y_i	19.0	32.3	49.0	73.3	97.8

解：利用经验公式对如上数据建立超定方程组

$$\begin{cases}19.0=a+b\times 19^2\\32.3=a+b\times 25^2\\49.0=a+b\times 31^2,\\73.3=a+b\times 38^2\\97.8=a+b\times 44^2\end{cases}$$

将该线性方程组写成矩阵形式：

$$\begin{bmatrix}1 & 19^2\\1 & 25^2\\1 & 31^2\\1 & 38^2\\1 & 44^2\end{bmatrix}\begin{bmatrix}a\\b\end{bmatrix}=\begin{bmatrix}19.0\\32.3\\49.0\\73.3\\97.8\end{bmatrix}.$$

解

$$\begin{bmatrix} 1 & 1 & 1 & 1 & 1 \\ 19^2 & 25^2 & 31^2 & 38^2 & 44^2 \end{bmatrix} \begin{bmatrix} 1 & 19^2 \\ 1 & 25^2 \\ 1 & 31^2 \\ 1 & 38^2 \\ 1 & 44^2 \end{bmatrix} \begin{bmatrix} a \\ b \end{bmatrix} = \begin{bmatrix} 1 & 1 & 1 & 1 & 1 \\ 19^2 & 25^2 & 31^2 & 38^2 & 44^2 \end{bmatrix} \begin{bmatrix} 19.0 \\ 32.3 \\ 49.0 \\ 73.3 \\ 97.8 \end{bmatrix}$$

得

$$\begin{bmatrix} 5 & 5327 \\ 5327 & 7277699 \end{bmatrix} \begin{bmatrix} a \\ b \end{bmatrix} = \begin{bmatrix} 271.4 \\ 369321.5 \end{bmatrix},$$

$$\therefore \begin{cases} a = 0.972606 \\ b = 0.050035 \end{cases},$$

$\therefore y = 0.972606 + 0.050035x^2.$

本题也可以直接利用式(4.39)或式(4.41)建立正则方程组

$$\begin{bmatrix} \sum_{i=1}^{5} 1 & \sum_{i=1}^{5} x_i^2 \\ \sum_{i=1}^{5} x_i^2 & \sum_{i=1}^{5} x_i^2 \cdot x_i^2 \end{bmatrix} \begin{bmatrix} a \\ b \end{bmatrix} = \begin{bmatrix} \sum_{i=1}^{5} y_i \\ \sum_{i=1}^{5} x_i^2 y_i \end{bmatrix},$$

$$\begin{bmatrix} 5 & 5327 \\ 5327 & 7277699 \end{bmatrix} \begin{bmatrix} a \\ b \end{bmatrix} = \begin{bmatrix} 271.4 \\ 369321.5 \end{bmatrix},$$

$$\therefore \begin{cases} a = 0.972606 \\ b = 0.050035 \end{cases},$$

$\therefore y = 0.972606 + 0.050035x^2.$

例 4.8.5 求形如 $y = a \cdot e^{bx}$(a，b 为常数且 $a > 0$)的经验公式，使它能和下表数据相拟合.

x_i	1.00	1.25	1.50	1.75	2.00
y_i	5.10	5.79	6.53	7.45	8.46

解：对经验公式 $y = a \cdot e^{bx}$ 作变换，有

$$\ln y = \ln a + bx,$$

令

$$\bar{y} = \ln y,\ A = \ln a,$$

则

$$\bar{y} = A + bx.$$

为了用最小二乘法求出 A，b 将(x_i，y_i)转化为(x_i，$\bar{y}_i$)，得到如下数据表.

x_i	1.00	1.25	1.50	1.75	2.00
$\bar{y}_i$	1.629	1.756	1.876	2.008	2.135

建立超定方程组

$$\begin{cases}1.629=A+1.00b\\1.756=A+1.25b\\1.876=A+1.50b,\\2.008=A+1.75b\\2.135=A+2.00b\end{cases}$$

即

$$\begin{bmatrix}1&1.00\\1&1.25\\1&1.50\\1&1.75\\1&2.00\end{bmatrix}\begin{bmatrix}A\\b\end{bmatrix}=\begin{bmatrix}1.629\\1.756\\1.876\\2.008\\2.135\end{bmatrix},$$

得正则方程组

$$\begin{bmatrix}1&1&1&1&1\\1.00&1.25&1.50&1.75&2.00\end{bmatrix}\begin{bmatrix}1&1.00\\1&1.25\\1&1.50\\1&1.75\\1&2.00\end{bmatrix}\begin{bmatrix}A\\b\end{bmatrix}$$

$$=\begin{bmatrix}1&1&1&1&1\\1.00&1.25&1.50&1.75&2.00\end{bmatrix}\begin{bmatrix}1.629\\1.756\\1.876\\2.008\\2.135\end{bmatrix},$$

即

$$\begin{bmatrix}\sum_{i=1}^{5}1&\sum_{i=1}^{5}x_i\\\sum_{i=1}^{5}x_i&\sum_{i=1}^{5}x_i^2\end{bmatrix}\begin{bmatrix}A\\b\end{bmatrix}=\begin{bmatrix}\sum_{i=1}^{5}\bar{y}_i\\\sum_{i=1}^{5}x_i\bar{y}_i\end{bmatrix},$$

$$\begin{bmatrix}5&7.5\\7.5&11.875\end{bmatrix}\begin{bmatrix}A\\b\end{bmatrix}=\begin{bmatrix}9.404\\14.422\end{bmatrix}.$$

解之得

$$A=1.1224,\ b=0.5056,\ a=e^A=3.0722.$$

$\therefore y=3.0722e^{0.5056x}$.

习题 4

1. 试利用 $f(x)=\sqrt{x}$ 在 16，25，36 处的函数值计算 $\sqrt{29}$ 的近似值并估计误差.

2. 给出概率积分 $f(x)=\frac{2}{\sqrt{\pi}}\int_0^x e^{-x^2}dx$ 的数据表如下：

x	0.46	0.47	0.48	0.49
$f(x)$	0.48466	0.49375	0.50225	0.51167

(1) 试用二次插值计算 $f(0.475)$ 的近似值.

(2) 当 x 为何值时积分值等于 0.5.（提示：用反插值法）

3. 已知 $y=\sin x$ 的函数值：

x	1.5	1.6	1.7
$\sin x$	0.99749	0.99957	0.99166

试构造差商表用二次牛顿插值多项式计算 sin1.55，sin1.65 的近似值并估计误差.

4. 求三次多项式 $p(x)$，使得 $p(0)=0$，$p(1)=1$，$p'(0)=3$，$p'(1)=9$.

5. 求三次多项式 $p(x)$，使得 $p(0)=p(1)=1$，$p(2)=p'(2)=2$.

6. 对于 $f(x)$ 的以 x_0，x_1 为节点的一次插值多项式 $p_1(x)$，证明其插值误差

$$|f(x)-p_1(x)|\leqslant\frac{(x_1-x_0)^2}{8}\max_{x_0\leqslant x\leqslant x_1}|f''(x)|.$$

7. 设 x_0，x_1，…，x_n 为两两互异的节点，$l_i(x)(i=0, 1, \cdots, n)$ 为定义在其上的拉格朗日插值多项式，试证明：

(1) $\sum_{j=0}^{n}x_j{}^k l_j(x)=x^k(k=0, 1, \cdots, n)$.

(2) $\sum_{j=0}^{n}(x-x_j)^k l_j(x)=0\ (k=1, \cdots, n)$.

(3) $\sum_{j=0}^{n}x_j^k l_j(x)=\begin{cases}1 & (k=0)\\ 0 & (k=1, 2, \cdots, n)\\ (-1)^n x_0x_1\cdots x_n & (k=n+1)\end{cases}$.

8. 给定数据点如下：

x_i	-2	-1	0	1	2	3
y_i	1	2	2	3	3	5

分别以一次、二次、三次多项式拟合以上数据.

9. 用三次样条函数 $s(x)$ 去模拟汽车门的曲线，车门曲线的型值点数据如下：

x_i	0	1	2	3	4	5	6	7	8	9	10
y_i	2.51	3.30	4.04	4.70	5.22	5.54	5.78	5.40	5.57	5.70	5.80

边界条件为 $y_0'=0.8$，$y_{10}'=0.2$.

10. 求下列方程组的最小二乘解.

(1) $\begin{cases} x_1+x_2=1 \\ x_1-2x_2=2 \\ 3x_1+2x_2=3 \end{cases}$；

(2) $\begin{cases} x_1-x_2+x_3=2 \\ -x_1-2x_2+2x_3=0 \\ 3x_1-x_2-x_3=1 \\ x_1+x_2+3x_3=4 \end{cases}$；

(3) $\begin{cases} x_1-x_2+x_3=2 \\ -x_1-2x_2+2x_3=0 \\ 3x_1-x_2-x_3=1 \\ x_1+x_2+3x_3=4 \\ 2x_1+2x_2+2x_3=3 \end{cases}$.

11. 假设彗星 1968Tentax 在太阳系内运动，在某个极坐标系下的位置数据观测如下表所示：

r	2.70	2.00	1.61	1.20	1.02
φ	48°	67°	83°	108°	126°

由 Kepler 第一定律，彗星应在一个椭圆或双曲型的平面轨道上运动，假设忽略来自行星的干扰，于是坐标满足

$$r=\frac{p}{1-e\cos\varphi},$$

其中 p 为参数，e 为偏心率. 由给定的观测值用最小二乘方法拟合出参数 p 和 e，并给出平方误差.

第 5 章　数值积分

在工程应用中我们经常会碰到求函数 $f(x)$在区间 $[a, b]$ 上的积分这样一类问题，虽然我们可以利用牛顿－莱布尼兹公式$\int_a^b f(x)\mathrm{d}x = F(b) - F(a)$[其中，$F'(x) = f(x)$]求得积分值，但是很多情况下，如 $f(x) = \mathrm{e}^{-x^2}$ 或者 $f(x)$是列表函数时，我们无法找到 $f(x)$的原函数 $F(x)$的初等解析表达式，此时牛顿－莱布尼兹公式失效，因此需要考虑利用数值积分来近似替代准确积分.

§5.1　数值求积公式的基本思想

显然，数值求积公式应避免用原函数来表示，而是尽量用被积函数的函数值来表示. 考虑定积分的定义

$$\int_a^b f(x)\mathrm{d}x = \lim_{\substack{n\to\infty \\ \max\Delta x_k \to 0}} \sum_{k=1}^{n} f(x_k) \cdot \Delta x_k,$$

此处，Δx_k 是 $[a, b]$ 的第 k 个分割小区间的区间长度，与 $f(x)$无关. 由此我们认为

$$\int_a^b f(x)\mathrm{d}x \approx \sum_{k=1}^{n} f(x_k) \cdot \Delta x_k.$$

说明积分值可由 $f(x)$在 n 个点 x_1，x_2，…，x_n 处的函数值 $f(x_k)$作线性组合而成，组合系数为 Δx_k，一般地我们把 Δx_k 记为 A_k，则

$$\int_a^b f(x)\mathrm{d}x \approx \sum_{k=1}^{n} f(x_k) \cdot A_k, \tag{5.1}$$

或

$$\int_a^b f(x)\mathrm{d}x = \sum_{k=1}^{n} f(x_k) \cdot A_k + I(R(x)), \tag{5.2}$$

其中，$I(R(x))$称为求积公式(5.1)的余项；x_k 称为求积节点；A_k 称为求积系数，它仅与节点 x_k 的选取有关，而与 $f(x)$无关. 我们把式(5.1)与(5.2)叫做数值求积公式. 这种求积分近似值的数值积分方法通常称作机械求积法，其特点是直接利用 $[a, b]$ 上某些节点处的函数值的线性组合值作为积分近似值，其关键在于确定求积节点 x_k 和求积系数 A_k，从而最终将求积分的问题转化为计算被积函数在节点处的函数值的问题.

§5.2 插值型求积公式

构造数值积分公式的主要工具是插值法，我们可以用被积函数 $f(x)$的 n 次 Lagrange 插值多项式在 $[a, b]$ 上的积分近似代替 $f(x)$在 $[a, b]$ 上的积分.

设给定一组节点 $a = x_0 < x_1 \cdots < x_n = b$，且已知 $f(x)$在节点处的函数值 $f(x_k)$ $(k=0, 1, \cdots, n)$，则 $f(x)$的 n 次 Lagrange 插值多项式

$$L_n(x) = \sum_{k=0}^{n} f(x_k) l_k(x),$$

此处，

$$l_k(x) = \prod_{\substack{j=0 \\ j\neq k}}^{n} \frac{(x - x_j)}{(x_k - x_j)} \ (k=0, 1, \cdots, n)$$

为 n 次的 Lagrange 插值基函数.

则

$$\begin{aligned}\int_a^b f(x)\mathrm{d}x &= \int_a^b (L_n(x) + R(x))\mathrm{d}x = \int_a^b L_n(x)\mathrm{d}x + \int_a^b R(x)\mathrm{d}x \\ &= \int_a^b \sum_{k=0}^{n} f(x_k) l_k(x)\mathrm{d}x + I(R(x)) \\ &\approx \sum_{k=0}^{n} f(x_k) \cdot \int_a^b l_k(x)\mathrm{d}x.\end{aligned} \tag{5.3}$$

称这种用插值多项式逼近被积函数所构造出的数值积分公式为插值型求积公式. 很显然，插值型求积公式(5.3)亦是机械求积公式，此时式(5.1)中的

$$A_k = \int_a^b l_k(x)\mathrm{d}x. \tag{5.4}$$

例 5.2.1 求积公式

$$\int_{-1}^{1} f(x)\mathrm{d}x \approx f\left(-\frac{1}{\sqrt{3}}\right) + f\left(\frac{1}{\sqrt{3}}\right)$$

是否是插值型求积公式?

解：此公式中的求积节点：$x_0 = -\frac{1}{\sqrt{3}}$，$x_1 = \frac{1}{\sqrt{3}}$.

设 $l_0(x)$，$l_1(x)$是相应的线性插值基函数，则

$$\int_{-1}^{1} l_0(x)\mathrm{d}x = \int_{-1}^{1} \frac{x - x_1}{x_0 - x_1}\mathrm{d}x = 1,$$

$$\int_{-1}^{1} l_1(x)\mathrm{d}x = \int_{-1}^{1} \frac{x - x_0}{x_1 - x_0}\mathrm{d}x = 1,$$

故

$$\int_{-1}^{1} f(x)\mathrm{d}x \approx f(-\frac{1}{\sqrt{3}}) \cdot \int_{-1}^{1} l_0(x)\mathrm{d}x + f\left(\frac{1}{\sqrt{3}}\right)\int_{-1}^{1} l_1(x)\mathrm{d}x$$

$$= \int_{-1}^{1} \left(f\left(-\frac{1}{\sqrt{3}}\right) l_0(x) + f\left(\frac{1}{\sqrt{3}}\right) l_1(x) \right) dx$$

$$= \int_{-1}^{1} L_1(x) dx.$$

∴该公式为插值型求积公式.

§5.3 等距节点的插值型求积公式

式(5.3)取等距节点时有 $h = \frac{b-a}{n}$，$x_k = a + kh (k = 0, 1, 2, \cdots, n)$.

记

$$x = a + th, \ 0 \leqslant t \leqslant n,$$

则

$$dx = h dt.$$

$$x - x_i = (t - i)h (i = 0, 1, \cdots, n).$$

$$x_k - x_i = (k - i)h (i = 0, 1, \cdots, n).$$

此时系数 A_k 由式(5.4)得

$$\begin{aligned} A_k &= \int_a^b l_k(x) dx \\ &= \int_a^b \frac{(x - x_0)\cdots(x - x_{k-1})(x - x_{k+1})\cdots(x - x_n)}{(x_k - x_0)\cdots(x_k - x_{k-1})(x_k - x_{k+1})\cdots(x_k - x_n)} dx \\ &= h \int_0^n \frac{\prod\limits_{\substack{i=0 \\ i \neq k}}^{n} (t - i)}{\prod\limits_{\substack{i=0 \\ i \neq k}}^{n} (k - i)} dt \\ &= \frac{(-1)^{n-k} \cdot h}{k!(n-k)!} \int_0^n \prod_{\substack{i=0 \\ i \neq k}}^{n} (t - i) dt. \end{aligned}$$

若记

$$c_k^{(n)} = \frac{1}{n} \cdot \frac{(-1)^{n-k}}{k!(n-k)!} \cdot \int_0^n \prod_{\substack{i=0 \\ i \neq k}}^{n} (t - i) dt, \tag{5.5}$$

则得到等距节点的插值型求积公式

$$\begin{aligned} \int_a^b f(x) dx &\approx \sum_{k=0}^{n} f(x_k) \cdot \int_a^b l_k(x) dx \\ &= \sum_{k=0}^{n} f(x_k) \cdot \frac{(-1)^{n-k} \cdot h}{k!(n-k)!} \int_0^n \prod_{\substack{i=0 \\ i \neq k}}^{n} (t - i) dt \\ &= (b - a) \sum_{k=0}^{n} f(x_k) \cdot c_k^{(n)}. \end{aligned} \tag{5.6}$$

我们把式(5.6)叫做牛顿–柯特斯公式，式(5.5)叫做牛顿–柯特斯系数. 在实际利用式(5.6)计算积分的时候，由于系数 $c_k^{(n)}$ 与节点数 n 有关，而与积分限 a，b 无关，因此对不同的 n 可先将 $c_k^{(n)}$ 算出构成牛顿–柯特斯系数表以便重复查询使用. 理论分析表明，当 n 较大的时候，式(5.6)误差较大，因此牛顿–柯特斯公式中有实用价值的往往是一些低阶公式. 表 5–1 是牛顿–柯特斯系数表.

表 5–1　牛顿–柯特斯系数表

n	$c_k^{(n)}$					
1	$\frac{1}{2}$	$\frac{1}{2}$				
2	$\frac{1}{6}$	$\frac{4}{6}$	$\frac{1}{6}$			
3	$\frac{1}{8}$	$\frac{3}{8}$	$\frac{3}{8}$	$\frac{1}{8}$		
4	$\frac{7}{90}$	$\frac{16}{45}$	$\frac{2}{15}$	$\frac{16}{45}$	$\frac{7}{90}$	
5	$\frac{19}{288}$	$\frac{25}{96}$	$\frac{25}{144}$	$\frac{25}{144}$	$\frac{25}{96}$	$\frac{19}{288}$

由表可知，$n=1$ 时

$$c_0^{(1)}=c_1^{(1)}=\frac{1}{2},$$

$$\int_a^b f(x)\mathrm{d}x \approx T=(b-a)\left[\frac{1}{2}f(a)+\frac{1}{2}f(b)\right], \tag{5.7}$$

称式(5.7)为梯形公式，其几何意义非常明显，即利用直线 $L_1(x)$ 的积分(直边梯形的面积)代替准确积分(曲边梯形的面积).

$n=2$ 时

$$c_0^{(2)}=\frac{1}{6},\ c_1^{(2)}=\frac{4}{6},\ c_2^{(2)}=\frac{1}{6},$$

$$\int_a^b f(x)\mathrm{d}x \approx S=(b-a)\left[\frac{1}{6}f(a)+\frac{4}{6}f\left(\frac{a+b}{2}\right)+\frac{1}{6}f(b)\right], \tag{5.8}$$

称式(5.8)为 Simpson 公式.

例 5.3.1　分别用梯形公式和 Simpson 公式计算积分 $\int_0^1 x\mathrm{e}^x\mathrm{d}x$.

解：记 $a=0$，$b=1$，$f(x)=x\mathrm{e}^x$，则

$$\begin{aligned}T&=(b-a)\left[\frac{1}{2}f(a)+\frac{1}{2}f(b)\right]\\&=\frac{1-0}{2}(0\times\mathrm{e}^0+1\times\mathrm{e}^1)\\&\approx 1.3591409.\end{aligned}$$

$$S=(b-a)\left[\frac{1}{6}f(a)+\frac{4}{6}f\left(\frac{a+b}{2}\right)+\frac{1}{6}f(b)\right]$$

$$=\frac{1-0}{6}\left(0\times e^0+4\times\frac{1}{2}\times e^{\frac{1}{2}}+1\times e^1\right)$$
$$\approx 1.002621.$$

§5.4 求积公式的代数精度

数值求积公式是一种近似公式，为了衡量公式的“好坏”，我们常用代数精度这一概念来度量.

定义 5.1 若求积公式(5.1)对所有次数不超过 m 次的代数多项式能够准确成立，而对于 $m+1$ 次的多项式不能准确成立，则称此求积公式具有 m 次代数精度. 显然，上述定义等价于：若依次用 $f(x)=x^0$，x^1，x^2，…，x^m 代入求积公式(5.1)均有

$$\int_a^b f(x)\mathrm{d}x=\sum_{k=0}^{n} f(x_k)\cdot A_k.$$

但 $f(x)=x^{m+1}$ 代入求积公式(5.1)有

$$\int_a^b f(x)\mathrm{d}x\neq\sum_{k=0}^{n} f(x_k)\cdot A_k.$$

则求积公式(5.1)具有 m 次代数精度.

例 5.4.1 求梯形求积公式(5.7)的代数精度.

解：梯形求积公式

$$\int_a^b f(x)\mathrm{d}x\approx(b-a)\left[\frac{1}{2}f(a)+\frac{1}{2}f(b)\right],$$

$f(x)=x^0$ 时

$$\int_a^b f(x)\mathrm{d}x=b-a,$$

$$(b-a)\left[\frac{1}{2}f(a)+\frac{1}{2}f(b)\right]=b-a,$$

求积公式准确成立.

$f(x)=x$ 时

$$\int_a^b f(x)\mathrm{d}x=\frac{b^2-a^2}{2},$$

$$(b-a)\left[\frac{1}{2}f(a)+\frac{1}{2}f(b)\right]=\frac{b^2-a^2}{2},$$

求积公式准确成立.

$f(x)=x^2$ 时

$$\int_a^b f(x)\mathrm{d}x=\frac{b^3-a^3}{3},$$

$$(b-a)\left[\frac{1}{2}f(a)+\frac{1}{2}f(b)\right]=\frac{(b-a)(b^2+a^2)}{2}\neq\frac{b^3-a^3}{3},$$

求积公式不能准确成立.

∴梯形求积公式具有1次代数精度.

例 5.4.2　确定如下求积公式的待定系数，使其代数精度尽量高.

$$\int_{-1}^{1} f(x)\mathrm{d}x \approx A_0 f(-1) + A_1 f(0) + A_2 f(1).$$

解：分别令 $f(x)=1$，x，x^2 该公式都准确成立，有

$$\begin{cases} A_0 + A_1 + A_2 = 2 \\ -A_0 + A_2 = 0 \\ A_0 + A_2 = \dfrac{2}{3} \end{cases},$$

解之得

$$A_0 = A_2 = \frac{1}{3},\ A_1 = \frac{4}{3}.$$

故

$$\int_{-1}^{1} f(x)\mathrm{d}x \approx \frac{1}{3} f(-1) + \frac{4}{3} f(0) + \frac{1}{3} f(1).$$

易验证该公式对 $f(x)=1$，x，x^2，x^3 都准确成立，但对 $f(x)=x^4$ 不能准确成立，故该求积公式具三次代数精度.

例 5.4.3　确定如下求积公式中的待定参数，使其代数精度尽量高，并指出代数精度.

$$\int_{-1}^{1} f(x)\mathrm{d}x \approx \frac{1}{3} \times [f(-1) + 2f(\alpha) + 3f(\beta)].$$

解：当 $f(x)=1$ 时，左边 $=\int_{-1}^{1} 1\mathrm{d}x = 2$，

$$右边 = \frac{1}{3} \times (1 + 2\times 1 + 3\times 1) = 2,$$

左边=右边.

当 $f(x)=x$ 时，左边 $=\int_{-1}^{1} x\mathrm{d}x = 0$，

$$右边 = \frac{1}{3} \times (-1 + 2\alpha + 3\beta).$$

当 $f(x)=x^2$ 时，左边 $=\int_{-1}^{1} x^2\mathrm{d}x = \frac{2}{3}$，

$$右边 = \frac{1}{3} \times ((-1)^2 + 2\alpha^2 + 3\beta^2).$$

要使求积公式具有二次代数精度，当且仅当

$$\begin{cases} \dfrac{1}{3} \times (-1 + 2\alpha + 3\beta) = 0 \\ \dfrac{1}{3} \times (1 + 2\alpha^2 + 3\beta^2) = \dfrac{2}{3} \end{cases}.$$

即

$$\begin{cases} 2\alpha + 3\beta = 1 \\ 2\alpha^2 + 3\beta^2 = 1 \end{cases}.$$

得

$$\begin{cases}\alpha_1=\dfrac{1+\sqrt{6}}{5}\\ \beta_1=\dfrac{3-2\sqrt{6}}{15}\end{cases} 或 \begin{cases}\alpha_2=\dfrac{1-\sqrt{6}}{5}\\ \beta_2=\dfrac{3+2\sqrt{6}}{15}\end{cases}.$$

将(α_1，β_1)代入求积公式得

$$\int_{-1}^{1} f(x)\mathrm{d}x \approx \frac{1}{3}\times\left[f(-1)+2f\left(\frac{1+\sqrt{6}}{5}\right)+3f\left(\frac{3-2\sqrt{6}}{15}\right)\right].$$

当 $f(x)=x^3$ 时，左边 $=\int_{-1}^{1} x^3\mathrm{d}x=0$，

$$右边=\frac{1}{3}\times\left[(-1)^3+2\times\left(\frac{1+\sqrt{6}}{5}\right)^3+3\left(\frac{3-2\sqrt{6}}{15}\right)^3\right]\neq 0,$$

左边≠右边，故此时求积公式具二次代数精度.

将(α_2，β_2)代入求积公式得

$$\int_{-1}^{1} f(x)\mathrm{d}x \approx \frac{1}{3}\times\left[f(-1)+2f\left(\frac{1-\sqrt{6}}{5}\right)+3f\left(\frac{3+2\sqrt{6}}{15}\right)\right].$$

当 $f(x)=x^3$ 时，左边 $=\int_{-1}^{1} x^3\mathrm{d}x=0$，

$$右边=\frac{1}{3}\times\left[-1+2\left(\frac{1-\sqrt{6}}{5}\right)^3+3\left(\frac{3+2\sqrt{6}}{15}\right)\right]\neq 0,$$

左边≠右边，故此时求积公式具二次代数精度.

综上：$\alpha=\frac{1+\sqrt{6}}{5}$，$\beta=\frac{3-2\sqrt{6}}{15}$或 $\alpha=\frac{1-\sqrt{6}}{5}$，$\beta=\frac{3+2\sqrt{6}}{15}$时，所得求积公式具最高代数精度 2.

对于插值型求积公式的代数精度，还有如下结论：

定理 5.1 含有 $n+1$ 个节点 $x_k(k=0, 1, \cdots, n)$的插值型求积公式至少具有 n 次代数精度.

证明：只需证明当 $f(x)$是一个不超过 n 次的多项式的时候，式(5.3)中的 $I(R(x))=0$ 即可.

当 $f(x)$是一个不超过 n 次的多项式时，$f^{(n+1)}(x)=0$，故

$$R(x)=\frac{f^{(n+1)}(\xi)}{(n+1)!}\omega(x)=0.$$

$$I(R(x))=\int_a^b \frac{f^{(n+1)}(\xi)}{(n+1)!}\omega(x)\mathrm{d}x=0.$$

定理得证.

定理 5.2 对于 Newton−Cotes 公式，当 n 为奇数时至少具有 n 次代数精度，当 n 为偶数时至少具有 $n+1$ 次代数精度.

证明：由定理 5.1 知 n 为奇数时结论成立. 当 n 为偶数也只需证明 $f(x)=x^{n+1}$时

$$I(R(x))=\int_a^b \frac{f^{(n+1)}(\xi)}{(n+1)!}\omega(x)\mathrm{d}x=0.$$

由于$f^{(n+1)}(\xi)=(n+1)!$，故仅需证明

$$\int_a^b \omega(x)\mathrm{d}x = 0.$$

令 $h=\frac{b-a}{n}$，则 $x_k=a+kh\ (k=0,1,\cdots,n)$且$b-a=nh$.

$$\int_a^b \omega(x)\mathrm{d}x = \int_a^b \prod_{k=0}^{n}(x-x_k)\mathrm{d}x = \int_a^b \prod_{k=0}^{n}(x-a-kh)\mathrm{d}x.$$

由于 n 是偶数，则$\frac{n}{2}$必然是整数，作积分变换 $y=x-a-\frac{nh}{2}$，

$$\int_a^b \omega(x)\mathrm{d}x = \int_a^b \prod_{k=0}^{n}(x-a-kh)\mathrm{d}x = \int_{-\frac{nh}{2}}^{\frac{nh}{2}} \prod_{k=0}^{n}\left(y+\frac{nh}{2}-kh\right)\mathrm{d}y.$$

若 $g(y)=\prod_{k=0}^{n}\left(y+\frac{nh}{2}-kh\right)$ 是奇函数，则上述以原点为对称中心的对称区间上的积分必然为零.

$$\begin{aligned} g(-y) &= \prod_{k=0}^{n}\left(-y+\frac{nh}{2}-kh\right)=\prod_{k=0}^{n}-\left(y-\left(\frac{nh}{2}-kh\right)\right) \\ &= (-1)^{n+1}\prod_{k=0}^{n}\left(y-\left(\frac{nh}{2}-kh\right)\right). \end{aligned}$$

令 $i=n-k$

$$\begin{aligned} g(-y) &= (-1)^{n+1}\prod_{i=n}^{0}\left(y-\left(\frac{nh}{2}-(n-i)h\right)\right)=-\prod_{i=n}^{0}\left(y+\frac{nh}{2}-ih\right) \\ &= -\prod_{i=0}^{n}\left(y+\frac{nh}{2}-ih\right)=-g(y). \end{aligned}$$

由此证明了 $g(y)$是奇函数，从而$\int_a^b \omega(x)\mathrm{d}x = 0$.

综上，当 n 为偶数时，Newton−Cotes 公式至少具有 $n+1$ 次代数精度.

§5.5　求积公式的截断误差

衡量一个求积公式的“好坏”，除了使用“代数精度”的概念外，还可利用截断误差(余项)来度量.

记

$$I=\int_a^b f(x)\mathrm{d}x,$$

$$T=(b-a)\left[\frac{1}{2}f(a)+\frac{1}{2}f(b)\right],$$

$$S=(b-a)\left[\frac{1}{6}f(a)+\frac{4}{6}f\left(\frac{a+b}{2}\right)+\frac{1}{6}f(b)\right],$$

$$R_T=I-T,\ R_S=I-S,$$

称 R_T，R_S 分别为梯形公式和 Simpson 公式的余项.

定理 5.3 设 $f(x)\in C^2_{[a,b]}$，则梯形公式的余项

$$R_T=-\frac{(b-a)^3 f''(\eta)}{12},\ \eta\in(a,\ b). \tag{5.9}$$

证明：显然，$R_T=\int_a^b \frac{f''(\zeta)}{2}(x-a)(x-b)\mathrm{d}x,\ \zeta\in(a,b).$

由于$(x-a)(x-b)$在 $[a,\ b]$ 上恒为负，$f''(\zeta)$在 $[a,\ b]$ 上连续，故由积分中值定理，存在 $\eta\in(a,\ b)$，使得

$$R_T=\frac{f''(\eta)}{2!}\int_a^b(x-a)(x-b)\mathrm{d}x=-\frac{(b-a)^3}{12}f''(\eta).$$

定理 5.4 设 $f(x)\in C^4_{[a,b]}$，则 Simpson 公式的余项

$$R_S=-\frac{1}{2880}(b-a)^5 f^{(4)}(\eta),\ \eta\in(a,\ b). \tag{5.10}$$

证明：显然 $R_S=\int_a^b\frac{f'''(\zeta)}{3!}(x-a)(x-\frac{a+b}{2})(x-b)\mathrm{d}x.$

令 $q(x)=(x-a)(x-\frac{a+b}{2})(x-b)$，$q(x)$在 $[a,\ b]$ 上不保号，故不能用积分中值定理导出 Simpson 公式的余项表达式. 容易验证，Simpson 公式对任何不高于三次的多项式都准确成立，即有等式：

$$\int_a^b p(x)\mathrm{d}x=(b-a)\left[\frac{1}{6}p(a)+\frac{4}{6}p\left(\frac{a+b}{2}\right)+\frac{1}{6}p(b)\right],$$

其中，$p(x)=a_0+a_1x+a_2x^2+a_3x^3$，$a_i\in\mathbf{R}$，$i=0,\ 1,\ 2,\ 3.$

考虑在 $[a,\ b]$ 上构造一个三次 Hermite 插值多项式 $H(x)$，使得

$$H(a)=f(a),\ H\left(\frac{a+b}{2}\right)=f\left(\frac{a+b}{2}\right),H(b)=f(b),\ H'\left(\frac{a+b}{2}\right)=f'\left(\frac{a+b}{2}\right).$$

则 $H(x)$的余项

$$f(x)-H(x)=\frac{f^{(4)}(\zeta)}{4!}(x-a)(x-\frac{a+b}{2})^2(x-b),\ \zeta\in[a,\ b].$$

$$\int_a^b f(x)\mathrm{d}x-\int_a^b H(x)\mathrm{d}x=\int_a^b\frac{f^{(4)}(\zeta)}{4!}(x-a)(x-\frac{a+b}{2})^2(x-b)\mathrm{d}x.$$

显然，$(x-a)\left(x-\frac{a+b}{2}\right)^2(x-b)$在 $[a,\ b]$ 上保号，$f^{(4)}(\eta)$在 $[a,\ b]$ 上连续，由积分中值定理有

$$\begin{aligned}\int_a^b f(x)\mathrm{d}x-\int_a^b H(x)\mathrm{d}x&=\frac{f^{(4)}(\eta)}{4!}\cdot\int_a^b(x-a)\left(x-\frac{a+b}{2}\right)^2(x-b)\mathrm{d}x\\&=-\frac{1}{90}\left(\frac{b-a}{2}\right)^5 f^{(4)}(\eta),\ \eta\in[a,b].\end{aligned}$$

由于 Simpson 公式对次数不超过三次的代数多项式准确成立.

$$\begin{aligned}\int_a^b H(x)\mathrm{d}x&=\frac{b-a}{6}\left[H(a)+4H\left(\frac{a+b}{2}\right)+H(b)\right]\\&=\frac{b-a}{6}\left[f(a)+4f\left(\frac{a+b}{2}\right)+f(b)\right]\end{aligned}$$

$$=S$$

$$\therefore \int_a^b f(x)\mathrm{d}x - S = -\frac{1}{90}\left(\frac{b-a}{2}\right)^5 f^{(4)}(\eta),\ \eta\in[a,\ b].$$

即

$$R_S = -\frac{1}{2880}(b-a)^5 f^{(4)}(\eta),\ \eta\in[a,\ b].$$

例 5.5.1　用梯形求积公式和 Simpson 公式分别计算积分 $\int_0^1 \mathrm{e}^{-x}\mathrm{d}x$ 并估计误差.

解：记 $a=0$，$b=1$，$f(x)=\mathrm{e}^{-x}$，则

$$f'(x)=-\mathrm{e}^{-x},\ f''(x)=\mathrm{e}^{-x},\ f'''(x)=-\mathrm{e}^{-x},\ f^{(4)}(x)=\mathrm{e}^{-x}.$$

$$T=(b-a)\left[\frac{1}{2}f(a)+\frac{1}{2}f(b)\right]=\frac{1-0}{2}(\mathrm{e}^{-0}+\mathrm{e}^{-1})\approx 0.6839397.$$

$$R_T=-\frac{(b-a)^3}{12}f''(\eta)=-\frac{1}{12}\mathrm{e}^{-\eta},\ \eta\in[0,\ 1].$$

$$|R_T|\leqslant\frac{1}{12}\approx 0.0833333.$$

$$\begin{aligned}S &=(b-a)\left[\frac{1}{6}f(a)+\frac{4}{6}f\left(\frac{a+b}{2}\right)+\frac{1}{6}f(b)\right]\\ &=\frac{1-0}{6}(\mathrm{e}^{-0}+4\mathrm{e}^{-\frac{1}{2}}+\mathrm{e}^{-1})\\ &\approx 0.6323337.\end{aligned}$$

$$R_S=-\frac{(b-a)^5}{2880}f^{(4)}(\eta)=-\frac{1}{2880}\mathrm{e}^{-\eta},\ \eta\in[0,\ 1].$$

$$|R_S|\leqslant\frac{1}{2880}\approx 3.472\times 10^{-4}.$$

例 5.5.2　分别利用梯形公式和辛普森公式计算积分 $\int_1^3 \mathrm{e}^{-x}\cdot\sin x\,\mathrm{d}x$ 并估计误差.

解：记 $a=1$，$b=3$，$f(x)=\mathrm{e}^{-x}\sin x$，则

$$f'(x)=\mathrm{e}^{-x}(\cos x-\sin x),\ f''(x)=-2\mathrm{e}^{-x}\cos x,$$

$$f'''(x)=2\mathrm{e}^{-x}(\sin x+\cos x),\ f^{(4)}(x)=-4\mathrm{e}^{-x}\sin x.$$

$$\begin{aligned}T &=(b-a)\left[\frac{1}{2}f(a)+\frac{1}{2}f(b)\right]\\ &=\frac{3-1}{2}\times(\mathrm{e}^{-1}\times\sin 1+\mathrm{e}^{-3}\times\sin 3)\\ &\approx 0.3165858.\end{aligned}$$

$$\begin{aligned}S &=(b-a)\left[\frac{1}{6}f(a)+\frac{4}{6}f\left(\frac{a+b}{2}\right)+\frac{1}{6}f(b)\right]\\ &=\frac{3-1}{6}\times(\mathrm{e}^{-1}\times\sin 1+4\mathrm{e}^{-2}\times\sin 2+\mathrm{e}^{-3}\times\sin 3)\\ &\approx 0.2696086.\end{aligned}$$

$$R_T=-\frac{(b-a)^3}{12}f^{(2)}(\eta)=-\frac{8}{12}(-2\mathrm{e}^{-\eta}\cos\eta),\ \eta\in[1,\ 3].$$

$\therefore |R_T| \leqslant \frac{16}{12}e^{-\eta} \leqslant \frac{16}{12}e^{-1} \leqslant 0.490506.$

$$R_s = -\frac{(b-a)^5}{2880}f^{(4)}(\eta) = -\frac{32}{2880}(-4e^{-\eta}\sin\eta),\ \eta \in [1,\ 3].$$

$\therefore |R_S| \leqslant \frac{128}{2880}e^{-\eta} \leqslant \frac{128}{2880}e^{-1} \leqslant 0.0163501974.$

§5.6 复合求积公式及其截断误差

由式(5.9)与(5.10)可知，求积区间的长度越大，截断误差越大. 因此，积分区间较大的时候，将其分成若干个小区间，在每个小区间上使用梯形公式或辛普森公式计算积分，然后利用定积分的分段可加性得到积分近似值，误差可能更小，这种分割求积的方法就是复合求积法.

§5.6.1 复合梯形求积公式

把区间 $[a,\ b]$ n 等分，记分点 $x_i = a + ih(i=0,\ 1,\ \cdots,\ n)$，设 $f(x) \in C^2_{[a,b]}$，$h = \frac{b-a}{n}$，在每一个小区间 $[x_i,\ x_{i+1}]$ 上应用梯形公式，则

$$\int_{x_i}^{x_{i+1}} f(x)\mathrm{d}x \approx \frac{h}{2}[f(x_i) + f(x_{i+1})]\ (i=0,\ 1,\ \cdots,\ n-1).$$

利用定积分的分面可加性有

$$\begin{aligned}\int_a^b f(x)\mathrm{d}x &= \sum_{i=0}^{n-1}\int_{x_i}^{x_{i+1}} f(x)\mathrm{d}x \\ &\approx \sum_{i=0}^{n-1}\frac{h}{2}[f(x_i) + f(x_{i+1})] \\ &= \frac{h}{2}[f(a) + 2\sum_{i=1}^{n-1} f(x_i) + f(b)].\end{aligned}$$

记

$$T_n = \frac{h}{2}[f(a) + 2\sum_{i=1}^{n-1} f(x_i) + f(b)], \tag{5.11}$$

称式(5.11)为复合梯形求积公式，此公式是以直线替曲线，用折线逼近曲线，可以证明当 $n \to \infty$时，有 $T_n \to I = \int_a^b f(x)\mathrm{d}x$.

记 T_n 的余项为R_{Tn}，则

$$\begin{aligned}R_{Tn} &= \int_a^b f(x)\mathrm{d}x - T_n = \sum_{i=0}^{n-1}\left\{\int_{x_i}^{x_{i+1}} f(x)\mathrm{d}x - \frac{h}{2}[f(x_i) + f(x_{i+1})]\right\} \\ &= \sum_{i=0}^{n-1}\left(-\frac{h^3}{12}\right)f''(\zeta_i),\zeta_i \in [x_i, x_{i+1}]\end{aligned}$$

$$
\begin{aligned}
&= -\frac{h^3}{12}\sum_{i=0}^{n-1} f''(\zeta_i) \\
&= -\frac{h^3}{12}\cdot n \cdot f''(\eta),\ \eta \in [a,b] \\
&= -\frac{b-a}{12}\cdot h^2 \cdot f''(\eta)
\end{aligned}
\tag{5.12}
$$

因此有如下定理：

定理 5.5　设 $f(x)\in C^2_{[a,b]}$，$h=\dfrac{b-a}{n}$，则存在 $\eta\in[a, b]$，使得

$$
\int_a^b f(x)\mathrm{d}x = T_n - \frac{b-a}{12}\cdot h^2 \cdot f''(\eta). \tag{5.13}
$$

§5.6.2　复合 Simpson 求积公式

设 $f(x)\in C^4_{[a,b]}$，把 $[x_i, x_{i+1}]$ 的中点记作 $x_{i+\frac{1}{2}}(i=0, 1, \cdots, n-1)$，在每个小区间 $[x_i, x_{i+1}]$ 上用 Simpson 公式，则

$$
\begin{aligned}
\int_a^b f(x)\mathrm{d}x &= \sum_{i=0}^{n-1}\int_{x_i}^{x_{i+1}} f(x)\mathrm{d}x \approx \sum_{i=0}^{n-1}\frac{h}{6}\left[f(x_i)+4f(x_{i+\frac{1}{2}})+f(x_{i+1})\right] \\
&= \frac{h}{6}\left[f(a)+2\sum_{i=1}^{n-1}f(x_i)+4\sum_{i=1}^{n-1}f(x_{i+\frac{1}{2}})+f(b)\right].
\end{aligned}
$$

记

$$
S_n = \frac{h}{6}\left[f(a)+2\sum_{i=1}^{n-1}f(x_i)+4\sum_{i=0}^{n-1}f(x_{i+\frac{1}{2}})+f(b)\right]. \tag{5.14}
$$

称(5.14)为复合 Simpson 求积公式.

记 S_n 的余项为 R_{Sn}，则

$$
\begin{aligned}
R_{Sn} &= \int_a^b f(x)dx - S_n \\
&= \sum_{i=0}^{n-1}\left[-\frac{1}{2880}h^5 f^{(4)}(\zeta_i)\right],\zeta_i \in [x_i,x_{i+1}] \\
&= -\frac{h^5}{2880}\cdot\sum_{i=0}^{n-1} f^{(4)}(\zeta_i) \\
&= -\frac{h^5}{2880}\cdot n\cdot f^{(4)}(\eta),\eta\in[a,b].
\end{aligned}
$$

故：

$$
R_{Sn} = -\frac{b-a}{2880}\cdot h^4 \cdot f^{(4)}(\eta),\ \eta\in[a, b]. \tag{5.15}
$$

综上，有如下定理：

定理 5.6　设 $f(x)\in C^4_{[a,b]}$，$h=\dfrac{b-a}{n}$，则存在 $\eta\in[a, b]$，使得

$$
\int_a^b f(x)\mathrm{d}x = S_n - \frac{b-a}{2880}\cdot h^4 \cdot f^{(4)}(\eta). \tag{5.16}
$$

例 5.6.1 分别用复合梯形公式与复合 Simpson 公式根据表 5－2 计算积分 $I=\int_0^1 \frac{\sin x}{x}\mathrm{d}x$ 的近似值.

表 5－2 $\frac{\sin x}{x}$ 的部分函数值表

x_k	$f(x_k)=\frac{\sin x_k}{x_k}$	x_k	$f(x_k)=\frac{\sin x_k}{x_k}$
0	1.0000000	$\frac{5}{8}$	0.9361556
$\frac{1}{8}$	0.9973978	$\frac{6}{8}$	0.9088516
$\frac{2}{8}$	0.9896158	$\frac{7}{8}$	0.8771925
$\frac{3}{8}$	0.9767267	1	0.8414709
$\frac{4}{8}$	0.9588510		

解：取 $n=8$，将区间 $[0, 1]$ 八等分，则 $h=\frac{1}{8}$，由复合梯形公式得

$$T_8=\frac{1}{8}\left[\frac{1}{2}f(0)+f(\frac{1}{8})+f(\frac{2}{8})+f(\frac{3}{8})+f(\frac{4}{8})+f(\frac{5}{8})+f(\frac{6}{8})+f(\frac{7}{8})+\frac{1}{2}f(1)\right]$$
$$\approx 0.9456909.$$

若将区间 $[0, 1]$ 四等分，则 $n=4$，$h=\frac{1}{4}$，由复合 Simpson 公式得

$$S_4=\frac{1}{4\times 6}\left\{f(0)+4\left[f(\frac{1}{8})+f(\frac{3}{8})+f(\frac{5}{8})+f(\frac{7}{8})\right]+\right.$$
$$\left.2\left[f(\frac{2}{8})+f(\frac{4}{8})+f(\frac{6}{8})\right]+f(1)\right\}$$
$$\approx 0.9460832.$$

同积分的准确值 $I=0.9460832$ 比较可知

(1) 两种方法的计算量相同(都需计算九个点的函数值).

(2) 复合梯形公式所得结果有两位有效数字，复合 Simpson 公式所得结果却有六位有效数字.

可以证明当步长 $h\to 0$ 时，T_n，S_n 均收敛于准确值 $\int_a^b f(x)\mathrm{d}x$，且 S_n 比 T_n 的收敛速度更快，精度更高.

例 5.6.2 用复合梯形求积公式求 $\int_0^1 \mathrm{e}^{-x}\mathrm{d}x$ 的近似值，问要将$[0, 1]$多少等分才能保证结果有四位有效数字，若用复合抛物线公式呢？

解：要求结果有四位有效数字，等价于要求误差不超过 $\varepsilon=\frac{1}{2}\times 10^{-4}$.

$$R(f, T_n)=-\frac{b-a}{12}\cdot h^2 f''(\eta), \ \eta\in[0, 1].$$

$$b-a=1-0=1, \ h=\frac{b-a}{n}=\frac{1}{n}, \ f''(x)=\mathrm{e}^{-x}.$$

要使

$$|R(f, T_n)|=\frac{h^2}{12}f''(\eta)=\frac{1}{12n^2}\cdot\mathrm{e}^{-\eta}\leqslant\frac{1}{12n^2}\leqslant\varepsilon\leqslant\frac{1}{2}\times10^{-4}.$$

只需

$$n^2\geqslant\frac{1}{6}\times10^4,$$

即

$$n\geqslant40.8,$$

取

$$n=41.$$

若用复合抛物线公式，则

$$|R(f, S_n)|=\left|-\frac{b-a}{2880}h^4 f^{(4)}(\eta)\right|=\frac{h^4}{2880}\mathrm{e}^{-\eta}\leqslant\frac{1}{2880n^4}\leqslant\frac{1}{2}\times10^{-4},$$

反解关于 n 的不等式得 $n\geqslant2$.

§5.7 龙贝格求积法

前面介绍的复合求积法对提高积分的精度是有效的，但在使用之前必须事先给出合适的步长. 步长太大，精度无法保证；步长太小，计算量增大. 因而在实际计算中常采用下面介绍的“变步长求积法”(亦叫做区间逐次分步算法).

首先将区间 $[a, b]$ n 等分，令 $h=\frac{b-a}{n}$，记分点为 $x_i=a+ih(i=0, 1, \cdots, n-1)$，则

$$T_n=\frac{h}{2}\left[f(a)+2\sum_{i=1}^{n-1}f(x_i)+f(b)\right].$$

再将 n 个小区间$[x_i, x_{i+1}]$二等分，等分点记为

$$x_{i+\frac{1}{2}}=a+(i+\frac{1}{2})h(i=0, 1, \cdots, n-1),$$

则

$$T_{2n}=\frac{h}{2\times2}\left[f(a)+2\sum_{i=1}^{n-1}f(x_i)+2\sum_{i=0}^{n-1}f(x_{i+\frac{1}{2}})+f(b)\right]. \tag{5.17}$$

比较 T_{2n}与 T_n 得

$$T_{2n}=\frac{1}{2}T_n+\frac{h}{2}\sum_{i=0}^{n-1}f(x_{i+\frac{1}{2}}), h=\frac{b-a}{n}. \tag{5.18}$$

这说明，已知 T_n，要计算 T_{2n} 的时候，只需要计算新增加节点 $x_{i+\frac{1}{2}}$ 处的函数值就可以了，比直接用式(5.17)计算节省了近一半的计算量(注：积分的计算量主要在于节点处函数值的计算).

由于

$$I-T_n\approx-\frac{b-a}{12}\cdot h^2\cdot f''(\eta_1),$$

$$I-T_{2n}\approx-\frac{b-a}{12}\cdot\left(\frac{h}{2}\right)^2\cdot f''(\eta_2),$$

当 $f''(\eta_1)\approx f''(\eta_2)$ 的时候

$$\frac{I-T_{2n}}{I-T_n}\approx\frac{1}{4},$$

$$I-T_{2n}\approx\frac{1}{3}(T_{2n}-T_n). \tag{5.19}$$

式(5.19)是很有用的后验误差估计，当 $\frac{1}{3}|T_{2n}-T_n|$ 小于指定的精度 ε 的时候就可以停止计算.

算法 5.1 变步长梯形法.

功能 求积分 $\int_a^b f(x)\mathrm{d}x$，允许误差为 ε.

输入 $f(x)$，a，b，ε.

输出 积分近似值 T_2.

步 1 $T_1\Leftarrow\frac{b-a}{2}[f(a)+f(b)]$；$n\Leftarrow1$；$h\Leftarrow\frac{b-a}{n}$；$H\Leftarrow\frac{h}{2}f(a+\frac{1}{2}h)$.

步 2 $T_2\Leftarrow\frac{1}{2}T_1+H$.

步 3 若 $\mathrm{abs}\left(\frac{1}{3}(T_2-T_1)\right)>\varepsilon$，则

$$T_1\Leftarrow T_2,$$

$$h\Leftarrow\frac{b-a}{n},$$

$$H\Leftarrow\frac{h}{2}\sum_{i=0}^{n-1}f(a+(i+\frac{1}{2})h),$$

$$n\Leftarrow 2n,$$

转步 2.

否则输出 T_2，结束.

式(5.19)给出了 T_{2n} 的后验误差估计式，用 T_{2n} 的后验误差 $\frac{1}{3}(T_{2n}-T_n)$ 去修正 T_{2n} 可得

$$I\approx T_{2n}+\frac{1}{3}(T_{2n}-T_n)=\frac{4}{3}T_{2n}-\frac{1}{3}T_n.$$

令

$$\widetilde{T}_{2n}=\frac{4}{3}T_{2n}-\frac{1}{3}T_n,\tag{5.20}$$

则用$\widetilde{T}_{2n}$去逼近 I 是否比用 T_{2n} 去逼近 I 精度更高呢？

考察例 5.6.1，$T_2=0.9397933$ 比 $T_4=0.9445135$ 的精度低，将它们按式(5.20)作线性组合，则

$$\widetilde{T}_4=\frac{4}{3}T_4-\frac{1}{3}T_2=0.946849,$$

其精度比 T_4 高.

事实上，由式(5.11)和(5.17)有

$$\begin{aligned}\widetilde{T}_{2n}&=\frac{4}{3}T_{2n}-\frac{1}{3}T_n\\&=\frac{h}{6}\left[f(a)+2\sum_{i=1}^{n-1}f(x_i)+4\sum_{i=0}^{n-1}f(x_{i+\frac{1}{2}})+f(b)\right]\\&=S_n.\end{aligned}$$

即

$$S_n=\widetilde{T}_{2n}=\frac{4}{3}T_{2n}-\frac{1}{3}T_n=\frac{4T_{2n}-T_n}{4-1}.\tag{5.21}$$

说明将 T_{2n} 与 T_n 作线性组合所得到的$\widetilde{T}_{2n}$刚好是精度更高的复合 Simpson 值 S_n.同理可得复合 Simpson 公式的后验误差估计

$$I-S_{2n}\approx\frac{1}{15}(S_{2n}-S_n).\tag{5.22}$$

记

$$C_n=\frac{16}{15}S_{2n}-\frac{1}{15}S_n,\tag{5.23}$$

称式(5.23)为复合 Cotes 公式.

复合 Cotes 公式的后验误差估计

$$I-C_{2n}\approx\frac{1}{63}(C_{2n}-C_n).$$

记

$$R_n=\frac{64}{63}C_{2n}-\frac{1}{63}C_n,\tag{5.24}$$

则 R_n 的精度比 C_{2n} 精度高，称 R_n 为龙贝格积分值，式(5.24)为龙贝格求积公式.

综上，在积分区间的逐次分半计算过程中，利用式(5.18)、(5.21)、(5.23)、(5.24)能够将粗糙的梯形值逐步加工成精度越来越高的 Simpson 值 S_n、Cotes 值 C_n 和龙贝格值 R_n. 计算过程如下：

逐行计算表 5－3 中的数据，直到 $|R_k-R_{2k}|\leqslant\varepsilon$ 为止，R_{2k}就是所求近似值.

表 5-3 龙贝格求积法示意表

k	2^k	T_{2^k}	S_{2^k-1}	C_{2^k-2}	R_{2^k-3}
0	1	T_1			
1	2	T_2	S_1		
2	2^2	T_4	S_2	C_1	
3	2^3	T_8	S_4	C_2	R_1
4	2^4	T_{16}	S_8	C_4	R_2
5	2^5	T_{32}	S_{16}	C_8	R_4
⋮	⋮	⋮	⋮	⋮	⋮

实际计算时我们主要计算T_{2^k}所在列，其收敛速度为$O(h^2)$，但通过简单的组合外推$S_n=\frac{4T_{2n}-T_n}{4-1}$得到的$S_{2^k-1}$列收敛速度为$O(h^4)$，继续组合外推$C_n=\frac{16S_{2n}-S_n}{16-1}$得到的$C_{2^k-2}$列收敛速度为$O(h^6)$，继续组合外推$R_n=\frac{64C_{2n}-C_n}{64-1}$得到的$R_{2^k-3}$列收敛速度为$O(h^8)$. 理论上我们可以通过系数$\frac{4^m}{4^m-1}$和$\frac{1}{4^m-1}$继续外推得到更高精度的收敛序列，但$\frac{4^m}{4^m-1}$接近于1时外推效果不明显，故外推到$m=4$时停止外推. 龙贝格外推思想求积分的好处是不增加计算量(求积分的计算量主要是指计算函数值的计算量)的前提下，大大提高了计算的精度，是一种重要而常用的技巧，更多的技巧可见参考文献［9，10，11，12］.

例 5.7.1 用龙贝格求积法计算积分

$$I=\int_0^1\frac{4}{1+x^2}\mathrm{d}x$$

的近似值，要求误差不超过$\frac{1}{2}\times10^{-4}$.

解：令$f(x)=\frac{4}{1+x^2}$，则

x_i	$f(x_i)$
0	4.0000000
1	2.0000000
0.5	3.2000000
0.25	3.7647059
0.75	2.5600000
0.125	3.9384615
0.625	2.8764045

续表

x_i	$f(x_i)$
0.875	2.2654867

按表 5－3 计算：

k	T_{2^k}	$S_{2^{k-1}}$	$C_{2^{k-2}}$	$R_{2^{k-3}}$
0	3.0000000			
1	3.1000000	3.1333333		
2	3.1311765	3.1415678	3.1421176	
3	3.1389885	3.1415925	3.1415941	3.1415858
4	3.1409416	3.1415927	3.1415927	3.1415926

$$|R_2 - R_1| = |3.145926 - 3.1415858| < \frac{1}{2}\times 10^{-4}.$$

故取 $R_2 = 3.1415927$ 为所求近似值.

算法 5.2　Romberg 求积法.

功能　求积分 $\int_a^b f(x)\mathrm{d}x$，允许误差 ε.

输入　积分近似值 R_I.

步 1　$T_1 \Leftarrow \frac{b-a}{2}[f(a)+f(b)]$； $n \Leftarrow 1$； $k \Leftarrow 1$.

步 2　$k \Leftarrow k+1$.

步 3　$n \Leftarrow 2n$； $h \Leftarrow \frac{b-a}{n}$.

$$T_{2^k} \Leftarrow \frac{1}{2}T_{2^{k-1}} + \frac{h}{2}\sum_{i=0}^{n-1} f\left(a+\left(i+\frac{1}{2}\right)h\right)$$

若 $k=1$则：

$$S_1 \Leftarrow \frac{4}{3}T_2 - \frac{1}{3}T_1.$$

若 $k=2$ 则；

$$S_2 \Leftarrow \frac{4}{3}T_4 - \frac{1}{3}T_1;\ C_1 \Leftarrow \frac{16}{15}S_2 - \frac{1}{15}S_1.$$

若 $k=3$ 则：

$$S_4 \Leftarrow \frac{4}{3}T_8 - \frac{1}{3}T_4;\ C_2 \Leftarrow \frac{16}{15}S_4 - \frac{1}{15}S_2;\ R_1 \Leftarrow \frac{64}{63}C_2 - \frac{1}{63}C_1.$$

若 $k=4$ 则：

$$S_8 \Leftarrow \frac{4}{3}T_{16} - \frac{1}{3}T_8;\ C_4 \Leftarrow \frac{16}{15}S_8 - \frac{1}{15}S_4;\ R_2 \Leftarrow \frac{64}{63}C_4 - \frac{1}{63}C_2.$$

步 4　若 $|R_2 - R_1| \leqslant \varepsilon$，则输出 R_2，结束；否则，$k \Leftarrow 0$；转步 2.

§5.8 高斯求积公式

前面介绍的数值求积公式，都是用 $n+1$ 个等分节点作为求积节点，用插值多项式 $L_n(x)$ 近似代替 $f(x)$ 在 $[a, b]$ 上积分而获得的，即

$$f(x)=L_n(x)+R_n(x),$$

其中

$$R_n(x)=\frac{f^{(n+1)}(\zeta)}{(n+1)!}\omega(x).$$

则

$$\int_a^b f(x)\mathrm{d}x=\int_a^b L_n(x)\mathrm{d}x+\int_a^b R_n(x)\mathrm{d}x.$$

必有

$$\int_a^b f(x)\mathrm{d}x=\int_a^b L_n(x)\mathrm{d}x+I(R(x))\approx\int_a^b L_n(x)\mathrm{d}x=\sum_{i=0}^{n}A_i f(x_i), \quad (5.25)$$

其中

$$A_i=\int_a^b l_i(x)\mathrm{d}x,$$

$$I(R(x))=\int_a^b R_n(x)\mathrm{d}x=\int_a^b\frac{f^{(n+1)}(\zeta)}{(n+1)!}\omega(x)\mathrm{d}x.$$

当 $f(x)$是不超过 n 次的多项式时，$f^{n+1}(\zeta)=0$，从而 $I(R(x))=0$，说明插值型求积公式的代数精度至少是 n 次. 那么能否适当选取求积节点，使插值求积公式具有更高的代数精度呢? 19 世纪初，高斯证明了存在唯一一种选择求积节点的方法，使得插值求积公式具有 $2n+1$ 次代数精度，而且这是可能达到的最高代数精度.

定理 5.7 以节点 x_0，x_1，…，x_n 为根的 $n+1$ 次多项式

$$\omega(x)=(x-x_0)(x-x_1)\cdots(x-x_n),$$

如果 $\omega(x)$与任意一个次数不超过 n 的多项式 $p(x)$正交，即

$$\int_a^b\omega(x)p(x)\mathrm{d}x=0. \quad (5.26)$$

则求积公式(5.25)对所有不超过 $2n+1$ 次的多项式都准确成立，此时求积系数

$$A_i=\int_{-1}^1 l_i(x)\mathrm{d}x=\int_{-1}^1\frac{\omega(x)}{(x-x_i)\omega'(x_i)}\mathrm{d}x, \quad (5.27)$$

而且式(5.25)对 $2n+2$ 次多项式不能准确成立，即式(5.25)具有 $2n+1$ 次代数精度. 称这种具有最高代数精度的求积公式为高斯型求积公式，相应的节点称为高斯点.

证明：设 $f(x)$是任一次数不超过 $2n+1$ 的多项式，取满足式(5.26)的$\omega(x)$并用 $\omega(x)$除 $f(x)$，记商为 $p(x)$，余项为 $q(x)$，即

$$f(x)=\omega(x)\cdot p(x)+q(x).$$

显然 $p(x)$，$q(x)$均为次数不超过 n 次的多项式.

令 $x=x_i$，有

$$f(x_i)=\omega(x_i)p(x_i)+q(x_i)=q(x_i)(i=0,1,\cdots,n).$$

$$\int_{-1}^{1}q(x)\mathrm{d}x\equiv\sum_{i=0}^{n}q(x_i)\cdot A_i.$$

故

$$\begin{aligned}\int_a^b f(x)\mathrm{d}x&=\int_a^b\omega(x)p(x)\mathrm{d}x+\int_a^b q(x)\mathrm{d}x\\&=0+\int_a^b q(x)\mathrm{d}x\\&=\sum_{i=0}^{n}q(x_i)A_i\\&=\sum_{i=0}^{n}f(x_i)A_i.\end{aligned}$$

故式(5.25)对所有不超过 $2n+1$ 次的多项式准确成立.

下面证明式(5.25)对 $2n+2$ 次多项式不能准确成立.

取 $f(x)=\omega(x)\omega(x)$，则 $f(x)$是 $2n+2$ 次多项式且 $f(x_i)=0(i=0,1,\cdots,n)$.

则对任意的系数$A_i(i=0,1,\cdots,n)$均有

$$\int_a^b f(x)\mathrm{d}x=\int_a^b\omega^2(x)\mathrm{d}x>0=\sum_{i=0}^{n}A_if(x_i).$$

说明式(5.25)不能准确成立.

综上，定理得证.

下面利用定理5.7推导几个简单的高斯型求积公式，取 $a=-1$，$b=1$.

(1)$n=0$ 时，

$$\omega(x)=x-x_0,$$

利用(5.26)有

$$\int_{-1}^{1}\omega(x)\cdot p(x)\mathrm{d}x=\int_{-1}^{1}(x-x_0)\cdot 1\mathrm{d}x=0,$$

得

$$x_0=0.$$

故

$$\int_{-1}^{1}f(x)\mathrm{d}x\approx 2f(0),$$

这是一点高斯公式.

(2)$n=1$ 时，

$$\omega(x)=(x-x_0)(x-x_1),$$

利用式(5.26)有

$$\begin{cases}x_0\cdot x_1=-\dfrac{1}{3}\\x_0+x_1=0\end{cases}.$$

解之得

$$x_0=-\frac{1}{\sqrt{3}},\ x_1=\frac{1}{\sqrt{3}}.$$

故

$$\int_{-1}^{1}f(x)\mathrm{d}x\approx f\left(-\frac{1}{\sqrt{3}}\right)+f\left(\frac{1}{\sqrt{3}}\right). \tag{5.28}$$

这是两点高斯公式.

用式(5.26)求高斯点方法简单易懂，但当 n 较大的时候需要解非线性方程组，十分困难，实践中常常用求 Legendre 多项式的零点来获得区间 $[-1,1]$ 上高斯点.

$$L_n(x)=\frac{n!}{(2n)!}\frac{d^n}{dx^n}(x^2-1)^n$$

称为 n 次 Legendre 多项式.

$n=1,2,3,4$ 时,

$$L_1(x)=x,$$

$$L_2(x)=x^2-\frac{1}{3},$$

$$L_3(x)=x^3-\frac{3}{5}x,$$

$$L_4(x)=x^4-\frac{30}{35}x^2+\frac{3}{35}.$$

可以证明 $L_n(x)$与任一不超过 $n-1$ 次多项式正交，即满足式(5.26)且 $L_n(x)$有 n 个互异的零点，因此，这 n 个零点就是 n 点高斯公式的高斯点，以后就可以先利用 Legendre 多项式求得高斯点再利用式(5.27)求得高斯求积系数，从而得到高斯求积公式. 考察 $n=1$ 时的高斯点，由于

$$L_2(x)=x^2-\frac{1}{3},$$

其零点

$$x_1=-\frac{1}{\sqrt{3}},\ x_2=\frac{1}{\sqrt{3}},$$

故

$$\int_{-1}^{1}f(x)\mathrm{d}x\approx f\left(-\frac{1}{\sqrt{3}}\right)+f\left(\frac{1}{\sqrt{3}}\right),$$

这与(5.28)是一致的.

$n=2$ 时的高斯点，由于

$$L_3(x)=x^3-\frac{3}{5}x,$$

其零点

$$x_1=-\sqrt{\frac{3}{5}},\ x_2=0,\ x_3=\sqrt{\frac{3}{5}},$$

故

$$\int_{-1}^{1} f(x)\mathrm{d}x \approx \frac{5}{9} f\left(-\sqrt{\frac{3}{5}}\right) + \frac{8}{9} f(0) + \frac{5}{9} f\left(\sqrt{\frac{3}{5}}\right), \tag{5.29}$$

这是三点高斯公式.

对于 $n \geqslant 2$ 时的高斯点，求积系数列表如表 5－4，可供查询使用.

表 5－4　高斯求积节点和系数表

n	节点 $x_k^{(n)}$	系数 $A_k^{(n)}$
2	0	0.8888889
	±0.7745967	0.5555556
3	±0.3399810	0.6521452
	±0.8611363	0.3478548
4	0	0.5688889
	±0.5384693	0.4786287
	±0.9061799	0.2369269

通过区间［－1，1］上的高斯点及系数可求得积分 $\int_{-1}^{1} f(x)\mathrm{d}x$，当积分区间为［$a$，$b$］时，可考虑变换

$$x = \frac{b-a}{2} \cdot t + \frac{a+b}{2},$$

则

$$\int_a^b f(x)\mathrm{d}x = \frac{b-a}{2} \int_{-1}^{1} f\left(\frac{b-a}{2} t + \frac{a+b}{2}\right)\mathrm{d}t,$$

右端可考虑用高斯求积公式.

例 5.8.1　用三点高斯公式计算积分 $I = \int_0^1 x^2 \mathrm{e}^x \mathrm{d}x$.

解：令 $x = \frac{1}{2}(1+t)$，则

$$I = \int_0^1 x^2 \mathrm{e}^x \mathrm{d}x = \frac{1}{2} \int_{-1}^{1} \left[\frac{1}{2}(1+t)\right]^2 \mathrm{e}^{\frac{1}{2}(1+t)} \mathrm{d}t.$$

查询表 5－4 中的高斯点和相应系数得

$$I \approx \frac{1}{2}\left[\frac{1}{2}(1+0.7745967)\right]^2 \times \mathrm{e}^{\frac{1}{2}(1+0.7745967)} \times 0.5555556 + \frac{1}{2}\left[\frac{1}{2}[(1-0.7745967)]\right]^2 \times \mathrm{e}^{\frac{1}{2}(1-0.7745967)} \times 0.5555556 + \frac{1}{2}\left[\frac{1}{2}(1-0)\right]^2 \times \mathrm{e}^{\frac{1}{2}(1-0)} \times 0.8888889$$

$$\approx 0.7182519.$$

对于如下有限闭区间上含有权函数的积分

$$\int_{-1}^{1} \rho(x) f(x)\mathrm{d}x.$$

当 $\rho(x)=1$ 时，可以利用前面讨论的 Gauss－Legendre 求积公式获得数值结果. 我们知道当节点数 n 较大时，Newton－Cotes 公式的求积系数有正有负，其数值稳定性无

法保证，但是无论 n 多大，高斯－勒让德求积公式的系数恒为正，从而高斯－勒让德求积公式总是稳定的. 同时，只要被积函数满足一定光滑性，高斯－勒让德求积公式也是收敛的，其余项

$$I(R(x)) = \frac{2^{2n+3}[(n+1)!]^4}{(2n+3)[(2n+2)!]^3} f^{(2n+2)}(\xi) \quad \xi \in (-1, +1). \tag{5.30}$$

当 $\rho(x)=(1-x^2)^{-\frac{1}{2}}$ 时，我们还有 Gauss－Chebyshev 求积公式

$$\int_{-1}^{1} \frac{1}{\sqrt{1-x^2}} f(x)\mathrm{d}x = \sum_{k=0}^{n} A_k f(x_k) + I(R(x)). \tag{5.31}$$

其中，高斯求积节点 x_k（$k=0, 1, \cdots, n$）是区间 $[-1, 1]$ 上关于 $n+1$ 次切比雪夫正交多项式的零点，即

$$x_k = \cos\left(\frac{2k+1}{2n+2}\pi\right) (k=0, 1, \cdots, n),$$

求积系数

$$A_k = \frac{\pi}{n+1} (k=0, 1, \cdots, n),$$

余项

$$I(R(x)) = \frac{\pi}{2^{2n+1}(2n+2)!} f^{(2n+2)}(\xi) \quad \xi \in (-1, 1). \tag{5.32}$$

以上讨论的是有限区间上的数值积分，有时还会碰到半无限或无限区间上的积分. $\rho(x)=\mathrm{e}^{-x}$ 时，关于如下积分

$$\int_0^{+\infty} \rho(x) f(x)\mathrm{d}x = \int_0^{+\infty} \mathrm{e}^{-x} f(x)\mathrm{d}x$$

有 Gauss－Laguerre 求积公式

$$\int_0^{+\infty} \mathrm{e}^{-x} f(x)\mathrm{d}x = \sum_{k=0}^{n} A_k f(x_k) + I(R(x)). \tag{5.33}$$

其中，余项

$$I(R(x)) = \frac{[(n+1)!]^2}{(2n+2)!} f^{(2n+2)}(\xi) \quad \xi \in (0, +\infty). \tag{5.34}$$

高斯求积节点 x_k（$k=0, 1, \cdots, n$）是关于 $n+1$ 次拉盖尔正交多项式的零点，x_k 及相应系数 A_k 的具体取值如表 5－5 所示.

表 5－5　Gauss－Laguerre 求积节点和系数表

n	$x_k^{(n)}$	$A_k^{(n)}$
0	1	1
1	0.5757864376	0.8535533906
	3.4142136624	0.1464466094
2	0.4157745568	0.7110930099
	2.2942803603	0.2785177336
	6.2899450829	0.0103892565

续表

n	$x_k^{(n)}$	$A_k^{(n)}$
3	0.3225476896	0.6031541043
	1.7457611012	0.3564186924
	4.5366202969	0.0388879085
	9.3950709123	0.0005392947
4	0.2635603197	0.5217556106
	1.4134030591	0.3986668111
	3.5964257710	0.0759424497
	7.0858100059	0.0036117587
	12.6408008443	0.0000233700

$\rho(x)=e^{-x^2}$时，关于如下积分

$$\int_{-\infty}^{+\infty}\rho(x)f(x)dx=\int_{-\infty}^{+\infty}e^{-x^2}f(x)dx$$

有 Gauss-Hermite 求积公式

$$\int_{0}^{+\infty}e^{-x^2}f(x)dx=\sum_{k=0}^{n}A_k f(x_k)+I(R(x)). \tag{5.35}$$

其中，余项

$$I(R(x))=\frac{(n+1)!\sqrt{\pi}}{2^{n+1}(2n+2)!}f^{(2n+2)}(\xi)\quad \xi\in(-\infty,+\infty). \tag{5.36}$$

高斯求积节点$x_k(k=0, 1, \cdots, n)$是关于$n+1$次厄米特正交多项式的零点，x_k及相应系数A_k的具体取值如表 5-6 所示。

表 5-6　Gauss-Laguerre 求积节点和系数表

n	$x_k^{(n)}$	$A_k^{(n)}$
0	0	1.7724538509
1	±0.7071067812	0.8862269255
2	±1.2247448714	0.2954089752
	0	1.1816359006
3	±1.6506801239	0.08131283545
	±0.5246476233	0.8049140900
4	±2.0201828705	0.01995324206
	±0.9585724646	0.3936193232
	0	0.9453087205

续表

n	$x_k^{(n)}$	$A_k^{(n)}$
5	±2.3506049737	0.00453000906
	±1.3358490740	0.1570673203
	±0.4360774119	0.7246295952

除了前面讨论的黎曼积分的数值计算，工程实践中我们还会碰到被积函数带有奇点的弱奇异或者超奇异积分，如 $I=\int_0^1 \frac{e^x}{x^2}dx$，相应的数值计算可参考文献 [9] [10] [11] [12].

§ 5.9 数值微分

§ 5.9.1 插值多项式逼近

构造数值微分的基本方法是插值法，即当 $f(x)$是以列表形式给出的时候，为了计算 $f(x)$在节点 x_i 处的一阶导数数值 $f'(x_i)$，我们常用 $f(x)$的 n 次插值多项式 $p_n(x)$ 在 x_i 处的一阶导数值近似代替 $f'(x_i)$，因为

$$f(x)=p_n(x),$$

故

$$f'(x_i)\approx p_n'(x_i)(i=0, 1, \cdots, n).$$

由此导出的相应求导公式称为插值型求导公式. 由于

$$f(x)-p_n(x)=\frac{f^{(n+1)}(\zeta)}{(n+1)!}\omega(x),$$

其中 $\omega(x)=\prod_{i=0}^{n}(x-x_i)$，$\zeta$ 依赖于 x.

$$\therefore f'(x)-p_n'(x)=\frac{f^{(n+1)}(\zeta)}{(n+1)!}\omega'(x)+\frac{w(x)}{(n+1)!}\frac{d}{dx}f^{(n+1)}(\zeta).$$

由于 ζ 是 x 的未知函数，故对$\frac{d}{dx}f^{(n+1)}(\zeta)$的估计比较困难，但是我们仅限于求节点处的导数值，而节点 x_i 处有

$$\frac{w(x_i)}{(n+1)!}\frac{d}{dx}f^{(n+1)}(\zeta)=0.$$

故有余项公式

$$f'(x_i)-p_n'(x_i)=\frac{f^{(n+1)}(\zeta)}{(n+1)!}w'(x_i) \tag{5.37}$$

下面讨论两点公式和三点公式.

已知 $f(x)$ 在两个节点 x_0 和 $x_1=x_0+h$ 的函数值为 $f(x_0)$ 和 $f(x_1)$，则

$$p_1(x)=\frac{x-x_1}{-h}f(x_0)+\frac{x-x_0}{h}f(x_1),$$

$$p_1'(x)=\frac{f(x_1)-f(x_0)}{h},$$

故

$$f'(x_0)\approx p_1'(x_0)=\frac{f(x_1)-f(x_0)}{h}, \tag{5.38}$$

$$f'(x_1)\approx p_1'(x_1)=\frac{f(x_1)-f(x_0)}{h}. \tag{5.39}$$

称式(5.38)、(5.39)分别为向前差商公式和向后差商公式.

由式(5.37)得到带余项的两点公式

$$f'(x_0)=\frac{f(x_1)-f(x_0)}{h}-\frac{h}{2}f''(\zeta_0), \tag{5.40}$$

$$f'(x_1)=\frac{f(x_1)-f(x_0)}{h}+\frac{h}{2}f''(\zeta_1). \tag{5.41}$$

已知 $f(x)$ 在三个节点 x_0，$x_1=x_0+h$，$x_2=x_0+2h$ 的函数值分别为 $f(x_0)$，$f(x_1)$，$f(x_2)$，则

$$p_2(x)=\frac{(x-x_1)(x-x_2)}{(x_0-x_1)(x_0-x_2)}f(x_0)+\frac{(x-x_0)(x-x_2)}{(x_1-x_0)(x_1-x_2)}f(x_1)+\frac{(x-x_0)(x-x_1)}{(x_2-x_0)(x_2-x_1)}f(x_2),$$

$$p_2'(x)=\frac{x-x_1+x-x_2}{2h^2}f(x_0)-\frac{x-x_0+x-x_2}{h^2}f(x_1)+\frac{x-x_0+x-x_1}{2h^2}f(x_2),$$

故

$$f'(x_0)\approx p_2'(x_0)=\frac{1}{2h}[-3f(x_0)+4f(x_1)-f(x_2)], \tag{5.42}$$

$$f'(x_1)\approx p_2'(x_1)=\frac{1}{2h}[-f(x_0)+f(x_2)], \tag{5.43}$$

$$f'(x_2)\approx p_2'(x_2)=\frac{1}{2h}[f(x_0)-4f(x_1)+3f(x_2)], \tag{5.44}$$

称式(5.43)为中心差商公式.

由式(5.37)可得带余项的三点公式

$$f'(x_0)=\frac{1}{2h}[-3f(x_0)+4f(x_1)-f(x_2)]+h^2\cdot\frac{f^{(3)}(\zeta_0)}{3}, \tag{5.45}$$

$$f'(x_1)=\frac{1}{2h}[-f(x_0)+f(x_2)]-h^2\cdot\frac{f^{(3)}(\zeta_1)}{6}, \tag{5.46}$$

$$f'(x_2)=\frac{1}{2h}[f(x_0)-4f(x_1)+3f(x_2)]+h^2\cdot\frac{f^{(3)}(\zeta_2)}{3}. \tag{5.47}$$

上述求导公式只能求节点处导数的近似值，对于非节点处的近似值还可以考虑用样条函数的导数逼近被插值函数的导数. 由式（4.36）知，当步长 $h\to 0$ 时，三次样条插

值函数 $S(x)$ 及其一阶、二阶导数均一致收敛于被插值函数 $f(x)$ 及其一阶、二阶导数，所以对于给定的函数表及适当的边界条件，可以先构造三次样条函数 $S(x)$，然后近似有

$$f^{(k)}(x) \approx S^{(k)}(x)\ (k=0,\ 1,\ 2).$$

相应的误差估计由式（4.36）给出.

§5.9.2 泰勒展开式逼近

除了利用插值多项式导出微商近似公式外，工程中还利用泰勒展开式逼近函数的各阶微商. 下面我们通过泰勒展开式来推导式（5.45）和（5.46），假设 $f(x)$ 三阶可导，节点满足 $x_i=x_0+ih(i=1,\ 2)$，则有如下泰勒展开式

$$f(x)=f(x_0)+f'(x_0)(x-x_0)+\frac{f''(x_0)}{2!}(x-x_0)^2+\frac{f'''(\xi)}{3!}(x-x_0)^3.$$

故

$$f(x_1)=f(x_0)+f'(x_0)h+\frac{f''(x_0)}{2!}h^2+O(h^3), \tag{5.48}$$

$$f(x_2)=f(x_0)+f'(x_0)2h+\frac{f''(x_0)}{2!}(2h)^2+O(h)^3, \tag{5.49}$$

其中，$O(h^3)\triangleq Ch^3$（C 是一个有界的常数）.

由式（5.48）×4－式（5.49）得

$$4f(x_1)-f(x_2)=3f(x_0)+f'(x_0)2h+O(h^3),$$

整理得

$$f'(x_0)=\frac{1}{2h}[-3f(x_0)+4f(x_1)-f(x_2)]+O(h^2). \tag{5.50}$$

同理可得

$$f(x_0)=f(x_1)+f'(x_1)(-h)+\frac{f''(x_1)}{2!}(-h)^2+O(h^3),$$

$$f(x_2)=f(x_1)+f'(x_1)h+\frac{f''(x_1)}{2!}h^2+O(h^3).$$

两式相减可得

$$f(x_2)-f(x_0)=f'(x_1)2h+O(h^3),$$

整理得

$$f'(x_1)=\frac{1}{2h}[f(x_2)-f(x_0)]+O(h^2). \tag{5.51}$$

显然，式（5.50）、（5.51）分别与式（5.45）、（5.46）是一致的. 此外，我们还可以通过增加节点的办法构造更高精度的数值微分公式. 假设 $f(x)$ 三阶可导，节点满足 $x_i=x_0+ih(i=1,\ 2,\ 3)$ 则有如下泰勒展开式：

$$f(x_0)=f(x_1)+f'(x_1)(-h)+\frac{f''(x_1)}{2!}(-h)^2+\frac{f'''(x_1)}{3!}(-h)^3+O(h^4), \tag{5.52}$$

$$f(x_2)=f(x_1)+f'(x_1)h+\frac{f''(x_1)}{2!}h^2+\frac{f'''(x_1)}{3!}h^3+O(h^4), \tag{5.53}$$

$$f(x_3)=f(x_1)+f'(x_1)(2h)+\frac{f''(x_1)}{2!}(2h)^2+\frac{f'''(x_1)}{3!}(2h)^3+O(h^4), \tag{5.54}$$

将上述三个式子通过适当的组合消掉h^2项和h^3项后可得更高精度的数值微分公式，如 2×式（5.52）−6×式（5.53）+1×式（5.54）得

$$2f(x_0)-6f(x_2)+f(x_3)=-3f(x_1)-6f'(x_1)h+O(h^4),$$

即

$$f'(x_1)=\frac{1}{6h}[-2f(x_0)-3f(x_1)+6f(x_2)-f(x_3)]+O(h^3). \tag{5.55}$$

以上是一阶导数的逼近格式，类似地我们还可以构造二阶导数的逼近格式，如式（5.49）−2×式（5.48）得

$$f(x_2)-2f(x_1)=-f(x_0)+f''(x_0)h^2+O(h^3),$$

即

$$f''(x_0)=\frac{1}{h^2}[f(x_2)-2f(x_1)+f(x_0)]+O(h). \tag{5.56}$$

同理，式（5.52）+式（5.53）得

$$f(x_2)+f(x_0)=2f(x_1)+f''(x_1)h^2+O(h^4)$$

整理得

$$f''(x_1)=\frac{1}{h^2}[f(x_2)-2f(x_1)+f(x_0)]+O(h^2). \tag{5.57}$$

以上关于微商的各种逼近格式将是我们用差分法构造微分方程数值逼近格式的基础.

习题 5

1. 确定下列求积公式中的待定参数，使其代数精度尽量高.

(1) $\int_{-1}^{1}f(x)\mathrm{d}x\approx\frac{1}{3}[f(-1)+2f(x_1)+3f(x_2)]$；

(2) $\int_{-2h}^{2h}f(x)\mathrm{d}x\approx Af(-h)+A_1f(0)+A_2f(h)$；

(3) $\int_{0}^{2}f(x)\mathrm{d}x\approx Af(0)+A_1f(1)+A_2f(2)$；

(4) $\int_{0}^{h}f(x)\,dx\approx Af(0)+A_1f(h)+A_2f'(0)$.

2. 分别用梯形公式和辛普森公式计算下列积分并估计误差

(1) $\int_{0}^{1}\sin x\,\mathrm{d}x$；

(2) $\int_1^2 \sqrt{x}\,\mathrm{d}x$.

3. 取 $n=4$，分别用复合梯形公式和复合辛普森公式计算第 2 题中的积分，并估计误差.

4. 用复合梯形公式计算积分 $\int_0^1 \mathrm{e}^x \mathrm{d}x$ 时，为使结果具有 4 位有效数字，问需将积分区间多少等分？用复合辛普森公式呢？

5. 用龙贝格求积法计算 $\pi = \int_0^1 \frac{4}{1+x^2}\mathrm{d}x$ 的近似值，要求结果具有 10 位有效数字.

6. 用 Gauss 求积公式计算积分 $\int_{-4}^{4} \frac{1}{1+x^2}\mathrm{d}x$.

7. 分别用辛普森公式和三点高斯公式计算积分 $\int_{-1}^{1} x^3 \sin x \,\mathrm{d}x$ 并比较精度.

8. $f(x)=\frac{1}{(1+x)^2}$ 的值由下表给出.

x	1.0	1.1	1.2
$f(x)$	0.2500	0.2268	0.2066

试用一阶两点公式及一阶三点公式分别计算 $f'(1.0)$，$f'(1.1)$，$f'(1.2)$ 的近似值.

9. 证明：高斯求积公式 $\int_a^b f(x)\mathrm{d}x \approx \sum_{i=1}^{n} A_i f(x_i)$ 的系数 $A_i\,(i=1, 2, \cdots, n)$ 都大于零且

$$\sum_{i=1}^{n} A_i = b-a.$$

10. 某交通工具在一特定路段中行驶时各个时刻的速度如下表所示，求这一路段的长度及下述各时刻的加速度.

时间（s）	5	10	15	20	25	30	35	40	45	50
速度（m/s）	20	16	12	8	11	14	17	21	16	11

第6章　常微分方程初值问题的数值解法

考虑一阶常微分方程初值问题

$$\begin{cases} \dfrac{\mathrm{d}y}{\mathrm{d}x}=f(x,\ y)(a\leqslant x\leqslant b) \\ y(a)=y_0 \end{cases}, \tag{6.1}$$

其中，$f(x,\ y)$是一个已知函数，a，b 是定值，y_0 是已知的. 关于式(6.1)，我们有如下结论：

定理 6.1(存在唯一性定理)　设 $f(x,\ y)$在 $[a,\ b]\times\mathbf{R}$ 上连续，且关于 y 满足 Lipschitz 条件

$$|f(x,\ y_1)-f(x,\ y_2)|\leqslant L\cdot|y_1-y_2|,\ x\in[a,\ b],\ y_1,\ y_2\in\mathbf{R},\ L\text{ 是常数}. \tag{6.2}$$

则式(6.1)在 $[a,\ b]$ 上存在唯一解 $y=y(x)\in C_{[a,b]}$.

当式(6.1)有解的时候，其求解方法有解析法和数值法两种，一般说来，能通过解析法求出解析解的微分方程少之又少，通常是采用数值方法求出数值解，所谓数值解，就是指式(6.1)的解函数 $y=y(x)$在一系列离散节点 $a\leqslant x_0\leqslant x_1<\cdots<x_n\leqslant b$ 处的函数值 $y(x_i)$的近似值 $y_i(i=0,\ 1,\ \cdots,\ n)$. 为了叙述方便，本章假设(6.1)的解析解存在且唯一，同时 $y(x)$足够光滑，离散节点取等距节点，即 $h=\dfrac{b-a}{n}$，$x_i=a+ih$，$i=0,\ 1,\ \cdots,\ n$.

数值求解常微分方程的基本思路就是：

将连续区间 $[a,\ b]$ 离散化为 $a=x_0<x_1<\cdots<x_n=b$，于是求解析解 $y=y(x)$，$x\in[a,\ b]$ 转化为求离散节点 $x_i(i=0,\ 1,\ \cdots,\ n)$ 处的准确函数值 $y(x_i)$，进一步转化为求 $y(x_i)$ 的近似值 $y_i(i=0,\ 1,\ \cdots,\ n)$. 对于初值问题，$y_0$ 是已知的，我们只需要构造出 $y_k\rightarrow y_{k+1}$的递推格式即可计算出所有的 $y_i(i=1,\ 2,\ \cdots,\ n)$. 对于边值问题，$y_0$ 和 y_n 是已知的，我们需要构造出 $n-1$ 个关于 $y_i(i=1,\ 2,\ \cdots,\ n-1)$ 的方程所构成的方程组，解此方程组即可得到所有的 $y_i(i=1,\ 2,\ \cdots,\ n-1)$. 本章只讨论初值问题的常微分方程，主要任务就是分析构造 $y_k\rightarrow y_{k+1}$的递推格式，并分析讨论格式的收敛性和稳定性.

§6.1 欧拉法

显然(6.1)的解 $y=y(x)$，在几何上是一条过(x_0, y_0)的曲线，考虑作一条折线来近似代替曲线(如图 6-1).

(1) 过(x_0, y_0)作 $y=y(x)$的切线，$y=y_0+f(x_0, y_0)(x-x_0)$，它与直线 $x=x_1$ 交点纵坐标为

$$y_1=y_0+f(x_0, y_0)(x_1-x_0),$$

则

$$y(x_1)\approx y_1.$$

(2) 过(x_1, y_1)作直线

$$y=y_1+f(x_1, y_1)(x-x_1).$$

它与直线 $x=x_2$ 的交点纵坐标为

$$y_2=y_1+f(x_1, y_1)(x_2-x_1).$$

(3) 如此往复，有

$$y_{k+1}=y_k+f(x_k, y_k)(x_{k+1}-x_k).$$

则

$$y(x_{k+1})\approx y_{k+1}.$$

于是就得到了 $y=y(x_k)$的近似值 $y_k(k=0, 1, \cdots, n)$.

计算公式为

$$\begin{cases} y_{k+1}=y_k+hf(x_k, y_k) \ (k=0, 1, \cdots, n-1) \\ y_0=y_0 \end{cases}, \tag{6.3}$$

此处，$h=\dfrac{b-a}{n}$，$x_k=x_0+kh=a+kh$. 称式(6.3)为显式欧拉公式，简称欧拉公式.

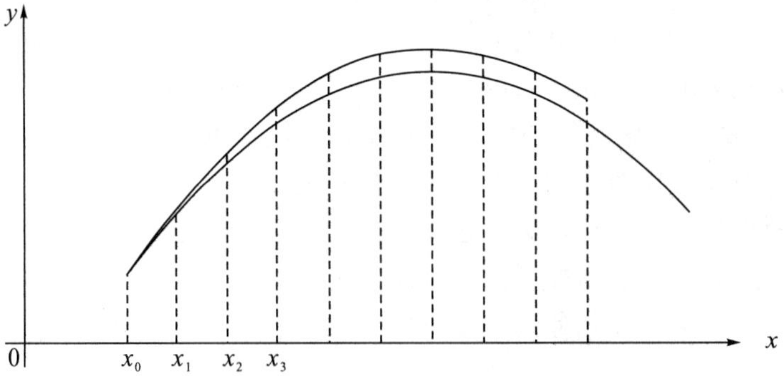

图 6-1 欧拉显格式解示意图

欧拉显式公式(6.3)还有如下推导方法.

(1) 差商逼近微商.

由于

$$y'(x_k)\approx\frac{y(x_{k+1})-y(x_k)}{h},$$

且

$$y'(x_k)=f(x_k,\ y(x_k)),$$

得到用 $y(x_k)$的近似值 y_k 计算 $y(x_{k+1})$的近似值 y_{k+1}的欧拉公式(6.3).

(2) 数值积分法.

将式(6.1)两端在 $[x_k,\ x_{k+1}]$ 上积分有

$$\int_{x_k}^{x_{k+1}}\frac{\mathrm{d}y}{\mathrm{d}x}\cdot\mathrm{d}x=\int_{x_k}^{x_{k+1}}f(x,y(x))\mathrm{d}x,$$

上式右端用左矩形公式近似代替得

$$y(x_{k+1})-y(x_k)=f(x_k,y(x_k))\cdot(x_{k+1}-x_k)+\int_{x_k}^{x_{k+1}}\frac{f'(\xi,y(\xi))}{1!}\cdot(x-x_k)\mathrm{d}x,$$

故

$$y_{k+1}=y_k+hf(x_k,\ y_k).$$

(3) 泰勒级数法.

用泰勒展开式将 $y(x_{k+1})$在 x_k 处展开有

$$y(x_{k+1})=y(x_k)+hy'(x_k)+\frac{h^2}{2}y''(\zeta).$$

左端取前两项则

$$y(x_{k+1})\approx y(x_k)+hy'(x_k).$$

故

$$y_{k+1}=y_k+hf(x_k,\ y_k).$$

定义 6.1　在递推式 $y_{k+1}=g(y_k)$中，令 $y(x_{k+1})$，$y(x_k)$表示近似值 y_{k+1}，y_k 在 x_{k+1}，x_k 处的准确值，$y_{k+1}^*=g(y(x_k))$，则称

$y(x_{k+1})-y_{k+1}^*=y(x_{k+1})-g(y(x_k))$为 x_{k+1}处的局部截断误差，

$y(x_{k+1})-y_{k+1}=y(x_{k+1})-g(y_k)$为 x_{k+1}处的整体截断误差.

局部截断误差没有考虑前面若干步的误差对 x_{k+1}处误差的影响，是在假设 y_k 等于准确值 $y(x_k)$的前提下估计 x_{k+1}处误差，而整体截断误差考虑了前面每一步误差的积累，是 x_{k+1}处误差的真实度量.

下面分析欧拉公式(6.3)的截断误差.

由泰勒展开式得

$$y(x_{k+1})=y(x_k)+hy'(x_k)+\frac{h^2}{2}y''(\zeta),$$

$$y_{k+1}^*=y(x_k)+hy'(x_k),$$

两式相减得

$$y(x_{k+1})-y_{k+1}^*=\frac{h^2}{2}y''(\zeta)=O(h^2).$$

称式(6.3)的局部截断误差为$O(h^2)$. 关于式(6.3)的整体截断误差有如下结论：

定理 6.2 设(6.1)中的$f(x, y)$关于y满足 Lipschitz 条件(6.2)，$x_k=x_0+kh$是$[a, b]$中的任意固定点，则式(6.3)的整体截断误差为$O(h)$.

证明从略(见参考文献 [1]).

定义 6.2 若一种数值方法的局部截断误差为$O(h^{p+1})$，则称该方法为p阶方法.

显然，欧拉法是一阶方法.

§6.2 隐式欧拉公式和梯形公式

将$y(x_k)$在x_{k+1}处进行泰勒展开

$$y(x_k)=y(x_{k+1})-hy'(x_{k+1})+\frac{h^2}{2}y''(\zeta),$$

则

$$y(x_{k+1})=y(x_k)+hy'(x_{k+1})-\frac{h^2}{2}y''(\zeta),$$

得隐式欧拉公式

$$y_{k+1}=y_k+hf(x_{k+1}, y_{k+1}). \tag{6.4}$$

显然式(6.4)是关于y_{k+1}的方程. 当已知y_k，利用式(6.4)求y_{k+1}时需要解方程，故式(6.4)称为隐式欧拉公式.

对于式(6.4)，令$y_{k+1}^*=y(x_k)+hf(x_{k+1}, y(x_{k+1}))$，有如下结论成立

$$y(x_{k+1})-y_{k+1}^*=O(h^2).$$

故隐式欧拉公式是一阶方法.

将式(6.1)两端在$[x_k, x_{k+1}]$上积分

$$\int_{x_k}^{x_{k+1}}\frac{\mathrm{d}y}{\mathrm{d}x}\cdot\mathrm{d}x=\int_{x_k}^{x_{k+1}}f(x,y)\mathrm{d}x,$$

右端积分用梯形公式来代替，则

$$y(x_{k+1})-y(x_k)=\frac{h}{2}[f(x_k, y(x_k))+f(x_{k+1}, y(x_{k+1}))]-\frac{h^3}{12}f''(\eta, y(\eta)),$$

$$\eta\in[x_k, x_{k+1}].$$

即

$$y(x_{k+1})=y(x_k)+\frac{h}{2}[f(x_k, y(x_k))+f(x_{k+1}, y(x_{k+1}))]-\frac{h^3}{12}f''(\eta, y(\eta)), \tag{6.5}$$

得

$$y_{k+1}=y_k+\frac{h}{2}[f(x_k, y_k)+f(x_{k+1}, y_{k+1})], \tag{6.6}$$

这就是梯形公式.

令 $y_{k+1}^{*}=y(x_k)+\frac{h}{2}[f(x_k, y(x_k))+f(x_{k+1}, y(x_{k+1}))]$，可推得

$$y(x_{k+1})-y_{k+1}^{*}=-\frac{h^3}{12}f''(\eta, y)=O(h^3).$$

故梯形公式(6.6)是二阶方法.

式(6.6)是关于 y_{k+1} 的隐式方程，往往采用如下迭代法对其求解.

$$\begin{cases} y_{k+1}^{(0)}=y_k+hf(x_k, y_k) \\ y_{k+1}^{(i+1)}=y_k+\frac{h}{2}[f(x_k, y_k)+f(x_{k+1}, y_{k+1}^{(i)})] \end{cases}. \tag{6.7}$$

在一定条件下可证明 $y_{k+1}^{(i)}\xrightarrow{i\to\infty}y_{k+1}$，因此，只要 $|y_{k+1}^{(i)}-y_{k+1}^{(i+1)}|<\varepsilon$（$\varepsilon$ 是指定的精度)时，就可停止迭代并令 $y_{k+1}=y_{k+1}^{(i+1)}$，实际计算中，为了简化运算，我们只迭代一次，于是得到了如下的欧拉预估校正式，

$$\begin{cases} y_{k+1}^{(0)}=y_k+hf(x_k, y_k) & \text{（预估式）} \\ y_{k+1}=y_k+\frac{h}{2}[f(x_k, y_k)+f(x_{k+1}, y_{k+1}^{(0)})] & \text{（校正式）} \end{cases}, \tag{6.8}$$

称式(6.8)为改进的欧拉公式.

例 6.2.1　取 $h=0.1$，用梯形公式和改进的欧拉公式求初值问题

$$\begin{cases} y'=y-\frac{2x}{y} \\ y(0)=1 \end{cases}$$

在 [0，0.5] 上的数值解.

解：利用(6.7)和(6.8)求解，计算结果如下表所示.

x_k	梯形公式(6.7)		改进欧拉公式(6.8)	
	y_k	$y(x_k)-y_k$	y_k	$y(x_k)-y_k$
0.1	1.095655838	0.210723303×10^{-3}	1.095909091	0.463975899×10^{-3}
0.2	1.183593669	0.377712543×10^{-3}	1.184096569	0.880612623×10^{-3}
0.3	1.265440529	0.529464944×10^{-3}	1.266201361	0.129029681×10^{-2}
0.4	1.342322417	0.681630637×10^{-3}	1.343360151	0.171936498×10^{-2}
0.5	1.415058105	0.844542740×10^{-3}	1.416401929	0.218836616×10^{-2}

例 6.2.2　用欧拉预估校正式求解初值问题

$$\begin{cases} y'+y+y^2\sin x=0 \\ y(1)=1 \end{cases}.$$

取步长 $h=0.2$，计算 $y(1.2)$及 $y(1.4)$的近似值.

解：设 $f(x, y)=-y-y^2\sin x$，$x_0=1$，$y_0=1$，$x_n=x_0+nh=1+0.2n$，欧拉预估校正式为

$$\begin{cases} y_{n+1}^{(0)}=y_n+hf(x_h, y_n) \\ y_{n+1}=y_n+\frac{h}{2}[f(x_h, y_n)+f(x_{n+1}, y_{n+1}^{(0)})] \end{cases},$$

故

$$\begin{cases} y_{n+1}^{(0)} = y_n - 0.2(y_n + y_n^2 \sin x_n) \\ y_{n+1} = y_n - 0.1[(y_n + y_n^2 \sin x_n) + (y_{n+1}^{(0)} + y^{(0)2}_{n+1} \sin x_{n+1})] \end{cases}.$$

由 $y_0 = 1$ 计算得

$$\begin{cases} y_1^{(0)} = 0.631706 \\ y_1 = 0.715489 \end{cases},$$

$$\begin{cases} y_2^{(0)} = 0.476965 \\ y_2 = 0.526112 \end{cases},$$

故

$$\begin{cases} y(1.2) \approx y_1 = 0.715489 \\ y(1.4) \approx y_2 = 0.526112 \end{cases}.$$

例 6.2.3 已知 $\begin{cases} y' = -y + x + 1 \\ y_0 = 1 \end{cases}$，$0 \leqslant x \leqslant 1$，取 $h = 0.1$，用 Euler 公式求各离散节点上的近似值.

解：令 $h = 0.1$，$x_0 = 0$，$x_j = x_0 + jh = 0.1j$ $(j = 0, 1, \cdots, 10)$，$f(x, y) = -y + x + 1$，则 $f(x_j, y_j) = -y_j + x_j + 1$.

由 Euler 公式得

$$\begin{cases} y_0 = 1 \\ y_{j+1} = y_i + hf(x_j, y_j) \end{cases},$$

即

$$\begin{cases} y_0 = 1 \\ y_{j+1} = y_j + 0.1(-y_j + x_j + 1) \end{cases},$$

故

$$\begin{cases} y_0 = 1 \\ y_{j+1} = 0.9y_j + 0.1x_j + 0.1 \end{cases}.$$

计算结果列表如下：

x_j	0	0.1	0.2	0.3	0.4	0.5	0.6
y_j	1.00000	1.00000	1.01000	1.02900	1.0561	1.09049	1.13144
x_j	0.7	0.8	0.9	1.0			
y_j	1.17830	1.23047	1.28742	1.34868			

§6.3　龙格－库塔(Runge－Kutta)法

龙格－库塔法是一类应用较为广泛的高精度方法，简称 R－K 方法，其基本思想是用若干个点处的函数值之线性组合去逼近泰勒展开式中的导数项以构造出高精度的计算公式.

仿照欧拉公式(6.3)的第三种推导方法有如下泰勒展开式

$$y(x_{k+1})=y(x_k)+hy'(x_k)+\frac{h^2}{2!}y''(x_k)+O(h^3).$$

显然,

$$\begin{aligned}y''(x)&=\frac{\mathrm{d}y'(x)}{\mathrm{d}x}\\&=\frac{\mathrm{d}f(x,\ y)}{\mathrm{d}x}\\&=f'_x(x,\ y)+f'_y(x,\ y)f(x,\ y)\end{aligned}$$

$$\begin{aligned}y(x_{k+1})=&y(x_k)+hf(x_k,\ y(x_k))+\\&\frac{h^2}{2}[f'_x(x_k,\ y(x_k))+f'_y(x_k,\ y(x_k))f(x_k,\ y(x_k))]+O(h^3)\end{aligned}$$

有递推式

$$y_{k+1}=y_k+hf(x_k,\ y_k)+\frac{h^2}{2}[f'_x(x_k,\ y_k)+f'_y(x_k,\ y_k)f(x_k,\ y_k)].\quad(6.9)$$

显然,式(6.9)的局部截断误差为 $O(h^3)$,是一个二阶方法,但该式含有 $f(x,\ y)$ 的偏导数项,需要想办法将偏导数项用 $f(x,\ y)$在某些点处的函数值来表示以便能够计算.

二阶龙格—库塔法:

在 $[x_k,\ x_{k+1}]$ 中取两个点 x_k,x_{k+p},其中

$$x_{k+p}=x_k+ph,\ 0<p\leqslant 1.$$

令

$$k_1=f(x_k,\ y_k),$$

则

$$y_{k+p}=y_k+phf(x_k,\ y_k)=y_k+phk_1.$$

令

$$k_2=f(x_{k+p},\ y_{k+p}).$$

下面我们用 k_1,k_2 的线性组合去逼近式(6.9)中的导数项,将 $f(x_{k+p},\ y_{k+p})$在$(x_k,\ y_k)$处作二元泰勒展开有

$$\begin{aligned}f(x_{k+p},\ y_{k+p})=&f(x_k,\ y_k)+f'_x(x_k,\ y_k)(x_{k+p}-x_k)+f'_y(x_k,\ y_k)\cdot\\&(y_{k+p}-y_k)+O(h^2)\\=&k_1+f'_x(x_k,\ y_k)\cdot ph+f'_y(x_k,\ y_k)\cdot\\&[y'(x_k)\cdot(x_{k+p}-x_k)+O(h^2)]+O(h^2)\\=&k_1+f'_x(x_k,\ y_k)\cdot ph+f'_y(x_k,\ y_k)\cdot\\&f(x_k,\ y(x_k)\cdot ph+O(h^2)).\end{aligned}$$

∴当 $y_k=y(x_k)$时

$$k_2=k_1+ph[f'_x(x_k,\ y_k)+f'_y(x_k,\ y_k)\cdot k_1]+O(h^2).$$

即

$$[f'_x(x_k, y_k)+f'_y(x_k, y_k)\cdot k_1]=\frac{k_2-k_1}{ph}+O(h).$$

代入式(6.9)有

$$\begin{aligned} y_{k+1}&=y_k+hk_1+\frac{h^2}{2}\left[\frac{k_2-k_1}{ph}+O(h)\right]+O(h^3)\\ &=y_k+hk_1+\frac{h}{2p}(k_2-k_1)+O(h^3)\\ &=y_k+h\left[(1-\frac{1}{2p})k_1+\frac{1}{2p}k_2\right]+O(h^3) \end{aligned}$$

于是得到了二阶龙格-库塔公式

$$\begin{cases} k_1=f(x_k, y_k)\\ k_2=f(x_{k+p}, y_{k+p})\\ y_{k+1}=y_k+h\left[(1-\frac{1}{2p})k_1+\frac{1}{2p}k_2\right] \end{cases}(0<p\leqslant 1). \tag{6.10}$$

当 $p=1$ 时，$y_{k+1}=y_k+\frac{h}{2}[k_1+k_2]$，式(6.10) 就是梯形公式.

当 $p=\frac{1}{2}$时，式(6.10)变为

$$\begin{cases} k_1=f(x_k, y_k)\\ k_2=f(x_{k+0.5}, y_{k+0.5})\\ y_{k+1}=y_k+hk_2 \end{cases}. \tag{6.11}$$

称式(6.11)之为变形的欧拉公式.

类似地，在 $[x_k, x_{k+1}]$ 中三个点 x_k，$x_{k+0.5}$，x_{k+1}上计算 f 的三个函数值，用这些函数值的线性组合去逼近 $y(x_{k+1})$在 x_k 处的泰勒展开式中的导数项可构造出标准的四阶龙格-库塔公式.

$$\begin{cases} k_1=f(x_k, y_k)\\ k_2=f(x_{k+0.5}, y_k+0.5hk_1)\\ k_3=f(x_{k+0.5}, y_k+0.5hk_2)\\ k_4=f(x_{k+1}, y_k+hk_3)\\ y_{k+1}=y_k+\frac{h}{6}[k_1+2k_2+2k_3+k_4] \end{cases}. \tag{6.12}$$

式(6.12)的局部截断误差为 $O(h^5)$，这是工程实践中常用的高精度算法之一. 此外，还有吉尔(Gill)公式.

$$\begin{cases} k_1 = f(x_k, y_k) \\ k_2 = f(x_{k+0.5}, y_k + 0.5hk_1) \\ k_3 = f\left(x_{k+0.5}, y_k + \dfrac{\sqrt{2}-1}{2}hk_1 + \dfrac{2-\sqrt{2}}{2}hk_2\right) \\ k_4 = f\left(x_{k+1}, y_k - \dfrac{\sqrt{2}}{2}hk_2 + \dfrac{2+\sqrt{2}}{2}hk_3\right) \\ y_{k+1} = y_k + \dfrac{h}{6}\left[k_1 + (2-\sqrt{2})k_2 + (2+\sqrt{2})k_3 + k_4\right] \end{cases} \tag{6.13}$$

式(6.13)的局部截断误差为$O(h^5)$. 理论上还可以构造更高阶的逼近格式，但阶数越高，需要计算函数值$f(x, y)$的次数越多，而且计算次数的增长比阶数的增长更显著，所以对于实际问题一般就使用四阶的龙格库塔法.

§6.4 收敛性与稳定性

进行实际数值计算时我们会碰到三类误差：用差分格式对连续问题离散化而引入的截断误差、初始值误差和计算过程中引入的舍入误差。收敛性主要讨论离散格式的截断误差，包括局部截断误差和整体截断误差，而稳定性主要讨论初始值误差和舍入误差在迭代过程中能否被控制，即某一步产生的误差在后续的计算过程中是被放大还是缩小。

收敛性与稳定性从不同角度描述了数值方法的可靠性，因此我们需要的是既收敛又稳定的数值方法.

定义 6.3 若某数值方法对任意固定节点$x_n = x_0 + nh$，$nh = T$(常数)，当$h \to 0$(即$n \to \infty$)时，有$y_n \to y(x_n)$，则该方法是收敛的.

显然，数值方法的收敛性仅与方法的截断误差有关，而与舍入误差无关.

对于欧拉公式(6.3)，当式(6.1)中的$f(x, y)$满足式(6.2)时，其在x_n处的整体截断误差由定理6.1知$|e_n| = |y_n - y(x_n)| \leqslant ch$($c$是常数).

故

$$\lim_{h\to 0} |e_n| = 0,$$

∴式(6.3)是收敛的.

类似地，式(6.4)、(6.6)、(6.8)均是收敛公式.

定义 6.4 对于给定的微分方程$y' = f(x, y)$和给定的步长h，若数值方法在计算y_n时有误差$\delta_n(\delta_n \geqslant 0)$，在后面计算$y_m(m > n)$时的误差$\delta_m$按绝对值不超过$\delta_n$，则称该方法是稳定的.

之所以要讨论稳定性是因为在实践中获得的初始值不可避免地带有初始误差；此外，计算过程中也总会有舍入误差. 这些误差在计算中总会向后续迭代进行传播，对以后的结果会有影响. 由稳定性的定义可知，这种可传播的误差如越来越小，则该方法是稳定的，否则是不稳定的. 一种方法稳定与否，不仅与方法本身有关，一般还与方程中

的函数 $f(x, y)$及步长 h 有关。

例 6.4.1 对于微分方程

$$y'=\lambda y(\lambda<0),$$

讨论欧拉法和隐式欧拉法的稳定性.

解：由欧拉公式有

$$y_{n+1}=y_n+h\lambda y_n=(1+h\lambda)y_n,$$

故

$$y_m=(1+h\lambda)^{m-n}y_n(m>n).$$

设第 n 步有舍入误差 δ_n，则第 n 步求得的是 y_n 的近似值 $y_n^*=y_n+\delta_n$.

第 m 步求得的则是 y_m 的近似值 $y_m^*=(1+h\lambda)^{m-n}y_n^*$，

故

$$\begin{aligned} y_m^* &=(1+h\lambda)^{m-n}(y_n+\delta_n) \\ &=(1+h\lambda)^{m-n}y_n+(1+h\lambda)^{m-n}\delta_n \\ &=y_m+(1+h\lambda)^{m-n}\delta_n, \end{aligned}$$

$$\delta_m=(1+h\lambda)^{m-n}\delta_n.$$

要使$|\delta_m|\leqslant|\delta_n|$，只需$|1+h\lambda|\leqslant 1$，所以$|1+h\lambda|\leqslant 1$时，欧拉格式对本微分方程是稳定的，即步长 h 满足 $\frac{-2}{\lambda}\geqslant h>0$ 时，欧拉法是稳定的，称为有条件稳定.

对于隐式欧拉方法 $y_{n+1}=y_n+h\lambda y_{n+1}$，整理得 $y_{n+1}=\frac{1}{1-h\lambda}y_n$，则

$$\delta_{n+1}=\frac{1}{1-h\lambda}\delta_n.$$

而$\lambda<0$，必有$|\delta_{n+1}|\leqslant|\delta_n|$，即隐式欧拉格式是恒稳定的，称为无条件稳定.

例 6.4.2 对于初值问题(取步长 h)

$$\begin{cases} y'+y=0 \\ y(0)=1 \end{cases} \tag{6.13}$$

证明：(1)用欧拉公式求解，其近似解为 $y_n=(1-h)^n$.

(2)用梯形公式求解，其近似解为 $y_n=\left(\frac{2-h}{2+h}\right)^n$.

(3)上面两种近似解当 $h\to 0$ 时，都收敛于准确解.

证明：令 $f(x, y)=-y$，$x_0=0$，$y_0=1$，$x_n=x_0+nh=nh$.

(1) 对于式(6.13)用欧拉公式有

$$\begin{aligned} y_{n+1} &=y_n+hf(x_n, y_n) \\ &=y_n+h(-y_n) \\ &=(1-h)y_n. \end{aligned}$$

故

$$\begin{aligned} y_n &=(1-h)y_{n-1} \\ &=(1-h)^2y_{n-2} \\ &=\cdots \end{aligned}$$

$$=(1-h)^2 y_0$$
$$=(1-h)^n.$$

(2) 对于式(6.13)用梯形公式有

$$y_{n+1}=y_n+\frac{h}{2}[f(x_n,\ y_n)+f(x_{n+1},\ y_{n+1})]$$
$$=y_n+\frac{h}{2}[-y_n-y_{n+1}].$$

整理上式得

$$y_{n+1}=\left(\frac{2-h}{2+h}\right)y_n.$$

故

$$y_n=\left(\frac{2-h}{2+h}\right)y_{n-1}$$
$$=\left(\frac{2-h}{2+h}\right)^2 y_{n-2}$$
$$=\cdots$$
$$=\left(\frac{2-h}{2+h}\right)^n y_0$$
$$=\left(\frac{2-h}{2+h}\right)^n.$$

(3) 先求式(6.13)的准确解.

$$\frac{\mathrm{d}y}{\mathrm{d}x}=-y\ ,$$

故

$$\frac{\mathrm{d}y}{y}=-\mathrm{d}x\ ,$$
$$\ln y=-x+c\ .$$

由 $y(0)=1$ 知 $c=0$，故

$$\ln y=-x\ .$$

即

$$y(x)=\mathrm{e}^{-x},$$
$$y(x_n)=\mathrm{e}^{-x_n}.$$

对于固定的 x_n，下面证明两种近似值均收敛于准确解.

由 $x_n=nh$ 得 $n=\frac{x_n}{h}$ ，故

$$\lim_{h\to 0}(1-h)^n=\lim_{h\to 0}(1-h)^{\frac{x_n}{h}}$$
$$=\left[\lim_{h\to 0}(1-h)^{\frac{1}{h}}\right]^{x_n}$$
$$=\mathrm{e}^{-x_n}.$$

$$\lim_{h\to 0}\left(\frac{2-h}{2+h}\right)^n=\lim_{h\to 0}\left(\frac{2-h}{2+h}\right)^{\frac{x_n}{h}}$$

$$=\left[\lim_{h\to 0}\left(\frac{2-h}{2+h}\right)^{\frac{1}{h}}\right]^{x_n}$$
$$=e^{-x_n}.$$

习题 6

1. 分别用欧拉法和改进的欧拉法计算初值问题

$$\begin{cases} y'=x^2-y \\ y(0)=1 \end{cases},\ x\in[0,\ 2]$$

的数值解.

2. 对初值问题

$$\begin{cases} y'=\dfrac{2y}{x}+x^2e^x \\ y(1)=0 \end{cases},\ x\in[1,\ 2]$$

的精确解为 $y(x)=x^2(e^x-e)$，取 $h=0.1$，用欧拉法和梯形公式分别计算其数值解，并同精确解比较.

3. 对初值问题

$$\begin{cases} y'=-9y \\ y(0)=0.5 \end{cases},\ x\in[0,\ 3]$$

用改进的欧拉法取 $h=0.1$ 及 0.2 分别计算数值解并同精确解比较，探讨所出现的现象.

4. 取 $h=0.1$，分别用标准的四阶龙格—库塔公式和吉尔公式计算初值问题

$$\begin{cases} y'=-xy+2x^2+2x \\ y(0)=1 \end{cases},\ x\in[0,\ 1]$$

的数值解.

5. 利用欧拉法计算积分 $\int_0^x e^{t^2}dt$ 在点 $x=0.25$，0.5，0.45，1.00 处的近似值.

6. 若用梯形公式求解

$$\begin{cases} y'=ky \\ y(0)=y_0 \end{cases},\ k<0$$

则：(1) $|y_n|<|y_0|$，$n=1,\ 2,\ \cdots$.

(2) $y_n=\left(\dfrac{2+kh}{2-kh}\right)^n\cdot y_0$，则 $h\to 0$ 时，对固定的点 $x_n=nh$，y_n 收敛于准确解 $y(x_n)$.

7. 已知 $\begin{cases} y'=-y+x \\ y_0=1 \end{cases}$，$0\leqslant x\leqslant 2$. 取步长 $h=0.1$，用欧拉法求其数值解，并求 $x=0.5$，$x=1.0$，$x=1.5$ 处的局部截断误差和整体截断误差.

8. 用改进的欧拉法求解初值问题 $\begin{cases} y'=-y \\ y(0)=1 \end{cases}$，$0\leqslant x\leqslant 1.0$. 试导出其近似解的显示

表达式 $y_n=\left(\frac{h^2-2h+2}{2}\right)^n$，并证明当 $h\to 0$ 时，y_n 收敛到原初值问题的精确解.

9. 证明改进的欧拉方法是二阶方法.

10. 取步长 $h=0.1$，用四阶龙格—库塔法求解初值问题 $\begin{cases} y'=-y \\ y(0)=1 \end{cases}$，$0\leqslant x\leqslant 1.0$，保留 5 位有效数字，并与准确解比较.

参考文献

[1] 杨一都. 数值计算方法[M]. 北京：高等教育出版社，2008.

[2] 四川大学数学学院. 线性代数[M]. 成都：四川大学出版社，2018.

[3] 胡兵，徐友才，朱瑞. 现代科学工程计算基础[M]. 成都：四川大学出版社，2015.

[4] 黄世莹，刘廷建. 数值计算方法[M]. 成都：成都科技大学出版社，1997.

[5] 徐萃薇. 计算方法引论[M]. 北京：高等教育出版社，1994.

[6] 沈剑华. 数值计算基础[M]. 上海：同济大学出版社，2004.

[7] 阎超. 计算流体力学方法及应用[M]. 北京：北京航空航天大学出版社，2007.

[8] 杨大地，谭骏渝. 实用数值分析[M]. 重庆：重庆大学出版社，2002.

[9] Chaolang Hu，Tao Lu. Approximations of hypersingular integrals for negative fractional exponent[J]. Journal of computational mathematics，2018，36 (5)：627−643.

[10] Chaolang Hu，Xiaoming He，Tao Lu. Euler − maclaurin expansions and approximations of hypersingular integrals[J]. Discrete and continuous dynamical systems series B，2015，20 (5).

[11] Chaolang Hu，Jing Lu，Xiaoming He . Numerical solutions of a hypersingular integral equation with application to productivity formulae of horizontal wells at constant wellbore pressure[J]. International journal of numerical analysis and modeling，2014，5 (3)：269−288.

[12] 吕涛，石济民，林振宝. 分裂外推与组合技巧[M]. 北京：科学出版社，1998.

[13] 钱克仁，钱永红. 中国古代数学史研究——数学史选讲 [M]. 哈尔滨：哈尔滨工业大学出版社，2021.

[14] 宁肯，汤涛. 冯康传 [M]. 杭州：浙江教育出版社，2019.